U0325696

怀孕每月怎么吃

艾贝母婴研究中心◎编著

四川科学技术出版社

前言
PREFACE

　　十个月的孕程，或许是这个世界上最神奇的体验了。

　　女人从怀孕那一刻开始，"吃"就成了头等大事。面对这个头等大事儿，以及大家期待的眼神，准妈妈们是无从下口，还是来者不拒呢？从一颗肉眼看不见的受精卵到出生后拥有3500克左右的体重，宝宝以惊人的速度快速成长。这如同高速路上飞驰的汽车，只要速度在那里，哪怕出现一点方向性偏差，都容易出问题。因此，孕期的饮食大意不得。

　　孕前，多吃什么样的食物才能养精强卵？

　　营养素种类很多，哪几种该重点补充？

　　叶酸很重要，究竟是食补好，还是药补好？

　　孕早期孕吐，为什么如此严重，会影响胎宝宝健康吗？

　　胎宝宝大脑发育关键期，该补充什么营养？

　　孕期体重一直在增长，"胖"与"不胖"究竟怎么界定？

　　孕期怎样补充营养，才不至于因产后缺乳而影响宝宝吃饭？

　　…………

　　本书根据怀孕月份的不同，在孕期饮食这件事上，为妈妈们答疑解惑，量身定做孕程各个时期的专属食谱，并依据食材类别、营养及特性，精心挑选出适合的食材，满足准妈妈孕期的营养需求，养胎瘦身全不误。

编　者

目录
CONTENTS

第1章　从备孕期开始调整，打造准妈妈好身体

孕前营养知识 2

简易判断是否缺乏某种营养素 2

孕前健康饮食法 2

叶酸——避免胎儿神经管畸形 3

怎么选择叶酸制剂 4

漏服叶酸片不要补服 4

维生素E——提高生育能力 5

备孕准妈妈的营养管理 6

少食或不食会妨碍受孕的食物 6

体重有点超标怎么吃 6

孕前太瘦怎么吃 7

提高卵子质量的营养素 8

备育爸爸的营养管理 9

提高精子活力的营养素 9

培育优质精子的饮食好习惯 9

营养师推荐的完美菜单 10

西蓝花炒蟹味菇——补叶酸、补钙 10

鸡汤鲜炒芦笋——补叶酸、开胃质 10

干煸牛肉丝——滋阴壮阳 11

山药腰片汤——健肾壮腰 11

拌双耳——排毒轻身 12

莲藕薏米炖排骨——提高免疫力 12

三鲜鱿鱼——滋阴通经 13

毛豆鸡丁——改善宫寒 13

第2章 孕1月（0~4周），一颗悄然细致的心

快乐迎来准妈妈身体变化和胎宝宝发育 16

胎宝宝从无到有 16

准妈妈的怀孕信号 17

准妈妈和胎宝宝的营养管理 18

继续补充叶酸 18

孕早期还不用刻意进补 19

为怀孕做必要的营养储备 19

维持营养平衡的好习惯 20

通过饮食缓解怀孕压力 20

孕早期的饮食原则是什么 21

孕早期适当吃酸利于健康 22

为何孕期变得喜吃辣 22

营养师推荐的完美菜单 23

凉拌芦笋——抗寒冷、抗疲劳 23

芦笋口蘑汤——增强体质 23

牛肉南瓜米糊——补充营养 24

豆芽炒猪肝——预防贫血 24

黄豆芽蘑菇汤——提高免疫力 25

蛤蜊豆腐汤——提高孕育功能 25

小白菜丸子汤——缓解紧张情绪 26

炝虾子菠菜——补血、助消化、通便 26

鸡汤豆腐小白菜——补充叶酸 27

榨菜蒸牛肉片——补虚养身 27

第3章 孕2月（5~8周），还不必大吃大喝

快乐迎来准妈妈身体变化和胎宝宝发育 30

胚胎脑部正在高速发育 30

早孕反应开始了 31

妈妈和宝宝的营养管理 32

通过饮食避免或缓解孕吐 32

要特别注意的食物致畸 34

选择易于消化的食物 35

记孕期饮食日记 35

7 种坚果为孕期加油 36

哪些情况下需要喝孕妇奶粉 37

营养师推荐的完美菜单 38

桂花山药——收敛固气、滋补气血 38

枸杞青笋肉丝——补阴补血 38

凤梨炒饭——开胃、止吐 39

豆腐火腿芥菜汤——增进食欲 39

韭菜炒豆芽——止吐、开胃 40

银鱼炒鸡蛋——促进胎儿神经发育 ...40

蘑菇什锦包——减轻孕吐 41

枇杷果炖莲藕——润肺和胃 41

酸甜水果粥——止呕、增进食欲 42

清蒸大虾——温补肾阳 42

土豆炖鸡——增进食欲 43

豌豆苗扒银耳——提高身体免疫力 ...43

麻酱莴苣——安胎、保胎 44

苏打饼干——抑制孕吐 44

番茄疙瘩汤——增进食欲 45

牛奶核桃粥——含钙高 45

第 4 章　孕 3 月（9~12 周），质比量更重要

快乐迎来准妈妈身体变化和胎宝宝发育 48

从胚胎变成胎儿 48

荷尔蒙的变化带来焦虑感 49

妈妈和宝宝的营养管理 50

合理搭配一日三餐 50

保证早餐的质量 50

孕期午餐与晚餐要点 52

提早吃一些淡化色素的食物 52

孕期饮食不可无鱼 53

孕期吃补品补药需遵医嘱 54

养成健康的饮水习惯 55

营养师推荐的完美菜单 ……………………………………56

柠檬饼干——抑制孕吐 ……56
清炒山药——安胎 ……………56
酸辣鸡血汤——开胃、预防贫血 …57
海带牡蛎汤——含多种矿物质 …57
核桃果味发糕——滋补、开胃 ……58
双椒豆干牛里脊——滋养脾胃 58
山药玉米煲老鸭汤——滋补降燥 …59
醋熘鸡——含丰富蛋白质 …59

多味蔬菜丝——增食欲、促消化 …60
炝炒紫甘蓝——富含维生素和矿物质…60
胡萝卜软饼——增进食欲 ……61
大鹅炖酸菜——开胃口，助消化 …61
枸杞蒸鸡——补益气血、滋养精气 …62
黄豆炖排骨——预防疏松 ……62
花生鱼头汤——健脑益智 ……63
冬菇菱角——开胃口 …………63

第5章 孕4月（13~16周），该全面拓宽营养了

快乐迎来准妈妈身体变化和胎宝宝发育 …………………66
小人儿模样初长成 ………………………………………66
进入感觉美妙的阶段 ……………………………………67

健康营养摄取，孕育健康宝宝 …………………………68
满足渐好的胃口 …………………………………………68
注意预防缺铁性贫血 ……………………………………69
缺铁严重时要考虑服用补铁剂 …………………………70
服用补铁剂注意事项 ……………………………………70
全面增加营养 ……………………………………………71
通过饮食预防妊娠纹 ……………………………………72
体重增速慢要紧吗 ………………………………………73

营养师推荐的完美菜单 …………………………………74

凉拌素火腿——降低胆固醇 …74
黄花蛋——补充蛋白质 ……74
清汤牛肉——滋养脾胃 ……75
麻油萝卜丝——健胃菜 ……75

橙香萝卜丝——补充蛋白质 …76
松子河虾仁——增加食欲 ……76
鱼肉馄饨——营养全面 ………77
香菇冬笋鹅掌汤——温补脾胃 …77

五味酸辣汤——益气补血 78

猪肝菠菜粥——含铁量高 78

银鱼蛋饼——补充蛋白质 79

三鲜豆腐——富含蛋白质及钙、锌 79

双菇糙米饭——温暖脾胃 80

浓香鸭架汤——滋阴补虚 80

土豆炖牛肉——补充蛋白质 81

酸辣牛肉汤——开胃口 81

第6章　孕5月（17~20周），享受母子同食的欢乐

快乐迎来准妈妈身体变化和宝宝发育 84

胎儿在感知外界 84

醉人的胎动来了 85

妈妈和宝宝的营养管理 86

补钙是孕中后期的重点 86

别错过关键的补脑期 88

补脑的食物推荐 88

滋养皮肤的营养素 89

牛奶与酸奶交替着喝 90

每周宜吃2次海带 90

双宝准妈妈这样吃 91

营养师推荐的完美菜单 92

黄豆芽拌海带——具有美容效果 92

玉米紫米饭——滋阴补肾 92

豌豆烩玉米——增强免疫力 93

田园小炒——提供各种维生素 93

香菇炒鱼片——滋阴益肾 94

苦瓜清煮花蛤——提高免疫力 94

香菇黑木耳炒猪肝——补血 95

羊肉番茄汤——补中益气 95

干炸小黄鱼——增进食欲 96

姜汁鱼头——含多种营养物质 96

番茄鸡蛋饺子——促进吸收 97

银丝黄鱼汤——补虚强身 97

虾仁蛋炒饭——钙含量高 98

糟鱼肉圆汤——滋补强壮 98

海鲜焗饭——提高免疫力 99

西芹牛肉羹——降血压 99

第7章 孕6月（21~24周），少食多餐更舒心

快乐迎来准妈妈身体变化和胎宝宝发育 102

胎儿越来越有意识、有感觉、有反应 102

身体出现程度不一的浮肿 103

妈妈和宝宝的营养管理 104

妊娠糖尿病的饮食管理 104

孕期可适当吃全麦早餐 105

少吃含反营养物质的食物 106

用红糖代替白糖 107

别太贪吃冰冷食物 108

准妈妈巧吃火锅 108

营养师推荐的完美菜单 110

西红柿炖牛腩——补铁补锌 110

黄瓜木耳汤——含多种维生素 110

栗子芋头炖鸡腿——温补脾胃 111

黄鱼火腿粥——滋补强健 111

桃仁拌莴苣——防治便秘 112

紫菜萝卜汤——补充铁元素 112

火腿炖燕窝——滋阴调虚 113

五谷豆浆——降脂降糖 113

豆浆西红柿花椰菜——促进食欲 114

鲜贝蒸豆腐——调和脾胃 114

红萝卜烧牛腩——预防孕期贫血 115

红薯银耳羹——促进排便 115

花生炖牛肉——预防贫血 116

香菇鸡肉粥——降压降脂 116

金针菇炒鳝丝——补益气血 117

赤豆煲南瓜——缓解便秘 117

第8章 孕7月（25~28周），珍惜孕期好胃口

快乐迎来准妈妈身体变化和胎宝宝发育 120

胎儿开始蓄积身体脂肪 120

各种身体不适可能接踵而至 121

妈妈和宝宝的营养管理 122

通过饮食缓解便秘 122

吃富含 α‐亚麻酸的食物补充 DHA..............................123

通过饮食调理孕期睡眠..............................124

远离容易导致早产的食物..............................125

工作餐怎么吃更好..............................126

常吃带馅面食更营养..............................126

有助于缓解疲惫感的食物..............................127

通过孕期饮食让宝宝更漂亮..............................128

营养师推荐的完美菜单 **130**

甜脆银耳盅——防治便秘 130   芝麻花卷——降压降脂 134

什锦沙拉——增强食欲 130   豆腐丝拌芹菜丝——降血压 134

银耳炖红薯——光洁皮肤 131   柿子椒炒玉米——缓解便秘 135

香肠炒油菜——强身防病 131   黄豆枸杞豆浆——补虚益气 135

青椒肚片——补充蛋白质 132   冬瓜鲤鱼汤——清热利水减肥 136

豆渣炒蛋——含丰富食物纤维 132   西红柿玉米猪腰汤——补肾强腰 136

萝卜排骨羹——消食顺气 133   牛肉烧芸豆——利尿、消肿 137

兔肉红枣山药汤——滋阴健脾.........133   樱桃沙拉——补铁.............137

第9章 孕8月（29~32周），向孕晚期"挺"进

快乐迎来准妈妈身体变化和胎宝宝发育 **140**

胎位逐渐固定下来..............................140

身体笨重，行动不便..............................141

妈妈和宝宝的营养管理 **142**

低钠高钾的饮食可防高血压..............................142

注意控制体重增长..............................143

增加钙的摄入量..............................145

适量食用蜂蜜有益健康..............................145

如何饮用果蔬汁更健康..............................146

多吃一些有助于顺产的食物..............................147

营养师推荐的完美菜单 ·····················148

豆腐山药猪血汤——健脾补肾·······148
猕猴桃西米粥——预防妊娠高血压··148
栗子炖白菜——补肾健脾·······149
雪菜肉丝汤面——具有滋补作用·····149
糯米赤豆炖莲藕——利尿消肿·······150
蔬菜米饭饼——促进食欲·······150
香菜拌干丝——补钙·······151
香蕉牛奶饮——促进排便·······151

清蒸冬瓜熟鸡——消炎、利尿、消肿···152
蛋煎馄饨——促进食欲 ·····152
凉拌西红柿——清热凉血·······153
蒜茸茼蒿——消食开胃·······153
蔬果浓汤——富含维生素·······154
脆皮冬瓜——利水消肿·······154
葱酥鲫鱼——利尿消肿·······155
猪肝拌黄瓜——能增进食欲·······155

第10章 孕9月(33~36周),注意体重增长的警戒线

快乐迎来准妈妈身体变化和胎宝宝发育 ···············158

胎儿逐渐入盆 ·····················158

感觉宫缩多起来 ·····················159

妈妈和宝宝的营养管理 ·····················160

通过饮食缓解产前抑郁 ·····················160

关注维生素K的补充 ·····················162

预防孕后期妊娠中毒症 ·····················163

准妈妈产前不宜太瘦 ·····················164

胎宝宝偏小是否需补充营养 ·····················166

妈妈胖胎宝宝小是怎么回事 ·····················166

正餐之外的零食选择 ·····················167

营养师推荐的完美菜单 ·····················168

木耳炒茭白——降血压·······168
绿豆芽拌蛋皮丝——降血脂·······168
牛奶花蛤汤——含丰富蛋白质·······169
蜜汁山药球——缓解尿频·······169
紫菜炒鸡蛋——清热化痰,利尿···170

猪肝绿豆粥——养血补血·······170
鲜虾莴笋汤——改善糖代谢·······171
家常千张——补充蛋白质·······171
栗子炖羊肉——补肾健脾·······172
虾仁炒豆腐——预防小腿抽筋·······172

鸭肉镶黄瓜——除水肿，消胀满 173
葡萄干苹果粥——补血气、暖肾 173
山药蛋黄粥——提高免疫力 174

干贝炒蛋——增强抵抗力 174
排骨汤面——补钙 175
小米蒸排骨——含钙丰富 175

第 11 章 孕 10 月（37~40 周），为迎接宝宝加加"油"

快乐迎来准妈妈身体变化和胎宝宝发育 178

随时可能降生 178
身体在为分娩做各种准备 179

妈妈和宝宝的营养管理 180

分娩需要储备能量 180
通过饮食缓解尿频 181
新鲜蔬果可降低分娩危险 182
储存蛋白质令产后奶水充足 182
每天吃适量的蛋类 183
增进产前食欲 183
有助于分娩的食物 183
吃鸡蛋也有学问 184
临产前怎样吃 186
分娩过程中怎样吃 187

营养师推荐的完美菜单 188

鳗鱼饭——利于胎儿大脑发育 188
白灼生菜——镇痛催眠 188
芹菜炒鱿鱼——促进消化 189
糖醋银鱼芽——刺激食欲 189
牛肉面——能快速补充体力 190
水晶猕猴桃冻——镇静安定 190
菠菜炒猪肝——补充维生素 K 191
大枣黑豆炖鲤鱼——消水肿 191

鳝鱼丝面——补血、补充体力 192
迷你虾仁饺——快速补充体力 192
鱼肉蛋花粥——补充体力 193
草莓银耳粥——适合产前补养 193
小米面茶——助顺产 194
莲藕干贝排骨汤——增进产力 194
虾仁花蛤蒸蛋羹——含高蛋白 195

第 **1** 章

从备孕期开始调整，
打造准妈妈好身体

孕前营养知识

简易判断是否缺乏某种营养素

缺乏某种营养素往往会从某些身体特征中表现出来，备孕准妈妈可通过这些特征来粗略判断自己是否缺乏某种营养素。以下为一些常见的"信号"：

身体信号	可能缺乏的营养
头发干燥、变细、易断，脱发	蛋白质、能量、必需脂肪酸、微量元素锌
视力在夜晚降低	维生素 A
舌炎、舌裂、舌水肿	B 族维生素
牙龈出血	维生素 C
味觉减退	锌
嘴角干裂	核黄素（维生素 B_1）和烟酸
经常便秘	膳食纤维
下蹲后起来会头晕	铁（缺铁性贫血）
小腿经常抽筋	钙

孕前健康饮食法

1. 每天一把坚果，一小份肉、鱼或蛋，推荐亚麻籽、南瓜子、芝麻，可以磨碎后进食，益处更大。

2. 每天两份豆类食品、豆腐或种子类蔬菜，比如茄子、黄瓜、番茄等。

3. 每天三种新鲜的水果，香蕉、苹果、梨、浆果类（草莓、圣女果）最佳。

4. 每天四份全谷类，糙米、小米、大麦、燕麦、黑麦、玉米等，与精米面搭配着吃。

5. 每天五份深绿色叶菜和根茎类蔬菜，比如菠菜、甘薯、豌豆、西蓝花等。

6. 每天八杯水。

叶酸——避免胎儿神经管畸形

叶酸是一种水溶性维生素，是蛋白质和核酸合成的必需因子，血红蛋白、红细胞、白细胞快速增生、氨基酸代谢、大脑中长链脂肪酸如 DNA 的代谢都少不了它。

功效解析

叶酸对胚胎的健康发育尤其重要，是胎儿神经发育的关键营养素，准妈妈的饮食中如果缺乏叶酸，有可能导致胎儿神经管畸形。一般来说，孕前与孕期适量补充叶酸，可使胎儿患神经管的危险减少 50% ~ 70%。

明星食材

富含叶酸的蔬菜：莴苣、菠菜、西红柿、胡萝卜、青菜、龙须菜、花椰菜、油菜、小白菜、扁豆、豆荚、蘑菇等。

富含叶酸的水果：橘子、草莓、樱桃、香蕉、柠檬、桃、葡萄、猕猴桃等。

富含叶酸的动物食品：动物的肝脏、肾脏、禽肉及蛋类、牛肉、羊肉等。

富含叶酸的谷物：大麦、米糠、小麦胚芽、糙米等。

富含叶酸的豆类：黄豆、豆制品等。

富含叶酸的坚果：核桃、腰果、栗子、杏仁、松子等。

食用需知

叶酸遇光、遇热后不稳定，容易失去活性，蔬菜久放、烹煮、浸泡等过程中，叶酸损失高达 50% ~ 95%，所以，需要改变一些烹调习惯，同时注意饮食卫生，不要隔餐吃剩菜。

备孕准妈妈每天补充 400 ~ 800 微克叶酸即可满足胎宝宝的需要。建议从孕前 3 个月开始每天吃一片叶酸增补剂（一般 400 微克一片，正好是一日的量），一直到怀孕第 3 个月。

🥣 怎么选择叶酸制剂

孕早期是胎儿中枢神经系统生长发育的关键期，脑细胞增殖迅速，最易受到致畸因素的影响，如果在此关键期补充叶酸，可使胎儿患神经管的危险性减少。此外，备孕期补充叶酸有利于提高生育能力。

叶酸是一种水溶性维生素，而且极为不稳定，通过食物可能难以满足怀孕对叶酸的需求，所以一般建议准妈妈从怀孕前3个月开始服用叶酸增补剂，调整身体环境，一直坚持补充到孕期的头3个月。

准妈妈叶酸的需求量在每日400微克左右，量太低或者太高都对身体不利，市面上的叶酸制剂、叶酸片、多元维生素等都含有一定量叶酸，建议使用每片的叶酸含量正好是400微克的剂量，每天只需要吃一片就可以了，非常方便，一般医院都会推荐准妈妈吃这种叶酸片。

多元维生素、叶酸补充胶囊等除了一定量的叶酸，还包含维生素、钙、铁等营养素，备孕准妈妈要看清楚说明，尽量不要补重复了，造成营养过剩。

🥣 漏服叶酸片不要补服

叶酸在体内存留时间短，一天后体内水平就会降低，因此在孕前3个月叶酸片必须天天服用，一直坚持补充到孕期的头3个月，尽量不遗漏。

如果遗忘漏服，也不要太惊慌，不必补服，以免当天服用过量，另外，食物中也能摄入些许叶酸，问题并不大，可以将装叶酸片的瓶子随身携带，如果忘记吃了，中途想起来就可以服用。

🍲 维生素 E——提高生育能力

维生素 E 是一种脂溶性维生素，是所有具有 α－生育酚生物活性的色酮衍生物的统称，其中以 α－生育酚的活性最高。

功效解析

维生素 E 可以促进脑垂体前叶促性腺分泌细胞功能，增加卵巢机能，使卵泡数量增多，黄体细胞增大，增强孕酮，促进精子的生成及增强其活力，所以医学上常采用维生素 E 治疗男女不孕症及先兆流产，生育酚也由此得名。

维生素 E 具有很强的抗氧化作用，能阻止不饱和脂肪酸受到过氧化作用的损伤，从而维持细胞膜的完整性和正常功能，具有延缓衰老的作用。

维生素 E 对眼睛有着很好的保护作用，另外对改善运动机能及腿部痉挛有效，可全面提高人体免疫力。

维生素 E 还是重要的血管扩张剂和抗凝血剂，可以改善血液循环、修复组织，也促进正常的凝血，可以减少伤口的疤痕，降低血压。

明星食材

各种植物油（麦胚油、葵花子油、玉米油、花生油、芝麻油）、谷物的胚芽、许多绿色植物、肉、奶油、奶、蛋等都是维生素 E 良好或较好的来源。葵花子富含维生素 E，准妈妈只要每天吃 2 大匙葵花子油，即可以满足需要。

食用需知

维生素 E 较不易被外界破坏，只要膳食合理，一般不容易缺乏，准妈妈的适宜摄入量为每日 14 毫克，若准妈妈过量摄入维生素 E，会抑制生长，损害凝血功能和甲状腺功能，还可使肝脏的脂肪蓄积。

备孕准妈妈的营养管理

🍲 少食或不食会妨碍受孕的食物

咖啡、酒精这些是显而易见会妨碍受孕的食物，另外，胡萝卜、全麦面包这一类高胡萝卜素、高纤维食物一定要有节制，不要过量食用。

研究表明，摄入过量胡萝卜素和高纤维食物的准妈妈，怀孕成功的概率明显偏低，这是因为，过量的胡萝卜素会影响卵巢黄体素合成，分泌量减少，从而导致无月经、不排卵或经期紊乱的现象；而过多的高纤维食物的摄入会扰乱准妈妈的荷尔蒙平衡，吃得越多，怀孕的概率越低。

🍲 体重有点超标怎么吃

体重管理是孕前身体调整的一个重要方面，因为体重过重或者过轻都可能影响生育，甚至影响到出生后的胎儿，所以，准备怀孕时，准妈妈需要先了解自己的体重。

BMI 自测体重法

BMI 是一个体重测算公式，下面关于这个公式的方法及评价标准，可以帮助准妈妈迅速了解自己的体重：

BMI（kg/m^2）= 以千克计的体重 ÷ 以米计的身高的平方

比如，一个体重 52 千克的备孕准妈妈，身高是 1.6 米，则 BMI 为：20.3。

评价标准：

正常范围	$18.5 \leqslant BMI < 24$	
体重过轻	$BMI < 18.5$	
体重过重	$24 \leqslant BMI < 27$	腰围 ≥ 80 厘米
肥胖	轻度肥胖：$27 \leqslant BMI < 30$ 中度肥胖：$30 \leqslant BMI < 35$ 重度肥胖：$BMI \geqslant 35$	

如果体重超标了

过胖的女性在孕期易并发妊娠高血压综合征、妊娠糖尿病等，同时会增加胎儿出生后的患病概率。如果准妈妈的体重有点超标，那就要注意了，适量运动、调整饮食是最佳的调整体重方式。

孕前减肥千万不能靠节食，否则身体会因为缺乏正常运行的各类营养素，而影响健康。节食过度还会引起体内内分泌失调，导致生殖机能紊乱，严重的会影响排卵，致使不孕。

最好的办法是咨询营养师，根据营养师为自己制定合理的营养食谱，并采用少食多餐、细嚼慢咽的进食方式来达到健康减肥的目的。

准妈妈平时要控制热量摄取，少吃油腻及甜腻食品，调整爱吃快餐、自助餐和晚餐过量等不良的饮食习惯，午餐前喝杯水可降低食欲，对控制体重是简单又有效的方法。

调整饮食的同时，有计划地进行耗能运动，比如游泳、散步、慢跑等，均有利于控制体重，适当的锻炼还可使全身肌肉得到增强，有助于日后顺利分娩，还可避免并发症的发生。

🥣 孕前太瘦怎么吃

与过胖一样，太瘦也是体内营养不均衡或缺乏锻炼造成的。过瘦会影响内分泌功能，不利于受孕，同时还会增加宝宝出生后第一年患呼吸道疾病和腹泻的概率。准备怀孕而又太瘦的妈妈应积极进行调整，力争达到正常状态。

怎样调整饮食来增重

1. 一定要吃早餐和午餐，并丰富进食的食物，多吃鸡、鸭、鱼、肉类、蛋类和大豆制品，不偏食挑食，少吃高热量但无营养的食物。

2. 增加用餐次数，丰富食物，不偏食挑食，少吃高热量但无营养的食物。

3. 先吃干的食物再喝汤，以免喝了汤之后就吃不下其他食物了。可以多喝些浓汤，如排骨汤、鱼骨汤或鸡汤等，增加热量及营养素的摄取。

4. 可以增加食物的美味及香味，刺激食欲，增加进食量，还可以少骨、少刺、多肉，取代多骨、食用费时的食物，例如以鸡腿肉块取代鸡翅、鸡脚等。

5. 如果来不及增重到正常范围就怀孕了，孕期就要注意在医生指导下及时补充各类营养素，既满足宝宝的生长需求，也要维护好自身健康。

🍲 提高卵子质量的营养素

卵子的质量会随着年龄的增长而有所下降，备孕准妈妈从孕前 3 个月起就应该开始注意补益卵子，如果体质瘦弱、营养状况略差，则开始加强营养的时间还要早一些，最好在孕前半年左右开始注意增加营养。

提高卵子质量的营养素

备孕准妈妈应该多吃富含优质蛋白质、脂肪、矿物质、维生素和微量元素的食物，尤其不可忘记钙、铁、碘、维生素 A、维生素 C 的摄入，此外，叶酸可以帮助降低卵巢癌的发生率。

提高卵子质量的饮食方案

平时多吃些水产品、瘦肉、动物肝、肾、新鲜蔬菜和水果等食物，鸡蛋、牛奶、豆类及其制品、蘑菇、木耳、海带、紫菜等富含蛋白质与矿物质。同时还要保持饮食清淡，不要过腻、过咸、过甜，饮食有规律、按时进餐，不暴饮暴食。

有益卵子的明星食物

食物	食 用 功 效
花生	花生中维生素 E 的含量特别丰富，能促进性激素分泌，使雌性激素浓度增高，提高生育能力，并能预防流产
桂圆	桂圆有补心脾、补气血的功效，含糖、维生素 A、维生素 B 等多种营养素，可治疗病后体弱或脑力衰退，帮助备孕的准妈妈调补身体，在产后调补也很适宜
莲子	莲子有补脾止泻，益肾固精，养心安神的功效，可用于妇女崩漏、白带过多等症
红枣	红枣可养心、安神、健脑、益智，多食红枣可以补铁，防治缺铁性贫血，对卵子也有滋养作用

备育爸爸的营养管理

🍲 提高精子活力的营养素

准爸爸的优质精子是优生的重要条件，有一些营养物质是男性生殖生理活动所必需的，充足的这类营养素可以提高精子的活力。

营养素	食用功效
锌	锌对激发精子的活力有独特的作用，豆类、花生、小米、萝卜、大白菜、牡蛎、牛肉、鸡肝、蛋类、羊排、猪肉等食物富含锌
精氨酸	精氨酸是精子形成的必需成分，含精氨酸丰富的食物有鳝鱼、海参、墨鱼、章鱼、木松鱼、芝麻、花生仁、核桃等
维生素 E	维生素 E 被称为生育醇，由此可知其对生殖的价值，胚芽、全谷类、豆类、蛋、甘薯和叶绿蔬菜等都是补充维生素 E 的良好来源
硒	硒可以增加精子活动所需的能量来源，使精子活动力提高，糙米、玉米、动物肝肾、绿叶蔬菜等都可以补充硒

🍲 培育优质精子的饮食好习惯

饮食紊乱往往会造成性欲异常、精子质量下降，而且暴饮暴食或者厌食还常常带来情绪不稳的问题，备孕准爸爸也一定要养成良好的饮食习惯。

保证早餐质量

戒烟戒酒、规律饮食是一定要坚持的，还要特别注意早餐的质量，早餐如果营养丰富，可以稳定而和缓地供给身体所需的能量，使体能得以充分发挥。

丰富食物种类，多吃绿色蔬菜

食物是一个大杂烩，里面有各种各样配比的营养素，食物多样化可以最大限度地保证各种营养素的摄入，其中每天都要吃一些绿色蔬菜，它们富含的维生素 C、维生素 E、锌、硒等，有利于精子的成长。

营养师推荐的完美菜单

西蓝花炒蟹味菇——补叶酸、补钙

原料： 西蓝花 500 克，蟹味菇 50 克，淀粉（豌豆）、胡椒粉、盐各适量。

做法： 1. 将西蓝花择洗干净，掰成小块，放入开水中焯透捞出，用凉水漂透；蟹味菇掰开，用盐水浸泡一会后，去柄洗净。2. 锅中放入油，同时放入西蓝花、蟹味菇稍炒，放入一杯开水，再把胡椒粉、盐一同放入锅中烧开。3. 淀粉加水适量调匀成水淀粉，放入锅中勾芡，汤汁收浓即可。

健康提示： 西蓝花含有大量的叶酸，这道菜补钙补叶酸，同时也具有提高身体免疫力的功效。

鸡汤鲜炒芦笋——补叶酸、开胃质

原料： 芦笋 300 克，百合 1 个，枸杞 20 粒，姜 1 片，鸡汤半碗，水淀粉 2 大匙，盐半小匙。

做法： 1. 用清水将枸杞浸泡软后洗净备用；姜洗净切丝备用。2. 芦笋削去粗皮洗净，切段。3. 锅内加入植物油烧热，放入姜丝爆香，再放入芦笋煸炒 1 分钟左右，倒入百合，马上调入盐翻炒几下即倒出装盘。4. 将锅置于火上，倒入鸡汤、枸杞，大火煮开后，调成小火，用水淀粉勾芡。最后将芡汁淋到芦笋百合上即可。

健康提示： 芦笋中含有丰富的叶酸，多吃能起到补充叶酸的功效，由于芦笋中的叶酸很容易被破坏，所以要避免高温烹煮，配植物油烹调有还消除疲劳、开胃的功效。

干煸牛肉丝——滋阴壮阳

原料：牛里脊肉 100 克，青蒜苗段 50 克，姜丝适量，植物油、豆瓣酱、醋、酱油、盐、花椒粉、香油各适量。

做法： 1. 将牛肉洗净，切丝。2. 锅置火上，加植物油烧热，下牛肉丝，反复煸炒至水将干，下姜丝、盐、豆瓣酱、继续煸炒，至牛肉酥烂味。3. 加酱油、青蒜苗段，待青蒜苗断生时下醋，快速煸炒几下，淋上香油，撒上花椒粉，装盘即可。

健康提示：牛肉含有丰富的铁质，有较好的滋阴补血作用。

山药腰片汤——健肾壮腰

原料：冬瓜 200 克，猪腰子 200 克，山药、薏米、黄芪、香菇各 15 克，鸡汤 10 杯，葱半根，姜 1 片，盐少许。

做法： 1. 冬瓜去皮切块洗净备用；香菇去蒂洗净备用；葱洗净切段备用；黄芪、薏米、山药均洗净备用。2. 将猪腰子剔去筋膜和臊腺，洗净切成薄片，放入沸水中氽烫后捞出备用。3. 将锅置于火上，加入鸡汤，放入葱姜，再放入薏米、黄芪和冬瓜，以中火煮 40 分钟。4. 将猪腰、香菇和山药放入锅内，大火煮开后改用小火稍煮片刻，调入盐即可。

健康提示：这道汤具有很好的壮腰健肾和降血压的作用。山药是补益食品，所含黏蛋白对人体有特殊的保健作用，可以预防心血管系统的脂肪沉积，保持血管弹性。猪腰含有蛋白质、脂肪、碳水化合物、钙、磷、铁和维生素等，有健肾补腰、和肾理气之功效。

莲藕薏米炖排骨——提高免疫力

原料： 鲜藕 200 克，薏米 100 克，肋排 300 克，葱段、姜片各适量，盐、料酒、胡椒粉各适量。

做法： 1. 鲜藕洗净，去皮，切薄片，薏米用冷水浸泡半小时；肋排洗净，入沸水锅中焯去血水，再次洗净。 2. 将藕、薏米、肋排全部下锅，加适量水，放料酒、葱段、姜片焖烧 1 小时，下盐、胡椒粉调味即可。

健康提示： 莲藕的营养价值很高，富含铁、钙等微量元素，植物蛋白质、维生素以及淀粉含量也很丰富，有明显的补益气血、增强人体免疫力作用，可补脾益气、强健身体。

拌双耳——排毒轻身

原料： 银耳（干）、黑木耳（干）各 100 克，葱葱丝、彩椒丝适量，盐、白糖各 1 小勺，香油、醋、胡椒粉各适量。

做法： 1. 银耳和黑木耳分别用温水泡发，去掉根蒂，洗净，撕成小朵，用开水汆烫后捞出过凉水，再沥干装入盘中。 2. 撒上葱丝、彩椒丝。 3. 将盐、醋、白糖、胡椒粉、香油用冷开水调匀，浇在银耳和黑木耳上，拌匀即可。

健康提示： 银耳、木耳都具有增强人体免疫力、润肠通便的功效，可以帮助增强体质、缓解便秘的症状。

三鲜鱿鱼——滋阴通经

原料： 水发鱿鱼 500 克，熟鸡肉、水发香菇、罐头冬笋各 100 克，大白菜心 150 克，姜、葱各 25 克，盐 5 克，味精 1 克，胡椒面 1.5 克，水淀粉 75 克，料酒 15 克，植物油 50 克，汤 400 克。

做法： 1. 水发鱿鱼用开水泡几次，去尽碱味；熟鸡肉片薄片；水发香菇洗净与罐头冬笋均片成片；白菜心淘洗干净；姜拍破；葱切段。2. 炒锅置旺火上，放植物油 35 克烧热，下姜、葱炒香；掺汤，下盐、胡椒面熬出味后，捞去姜、葱不用；下鸡片、香菇、冬笋、菜心、料酒烧至菜熟，捞起沥干，装盘中作底。3. 锅中下水淀粉收成清芡，下味精、植物油 15 克和匀；放入鱿鱼烧 1 分钟起锅，盖菜上即成。

健康提示： 鱿鱼有助于肝脏的解毒、排毒，可促进身体的新陈代谢。这道菜具有抗疲劳、通月经等功效，入肝补血，入肾滋阴。

毛豆鸡丁——改善宫寒

原料： 肉桂 5 克，人参 9 克，白术 5 克，熟地 6 克，干姜 1 克，毛豆 500 克，鸡胸肉 150 克，胡萝卜 1 根，植物油、淀粉、盐、香油各适量。

做法： 1. 人参、白术、熟地、干姜分别洗净，放入锅内，加适量水，大火煮沸，改小火煮 15 分钟，加肉桂煮 2 分钟，滤出汤汁。2. 鸡肉切丁，加入 1 小匙汤汁、淀粉拌匀，将胡萝卜洗净切丁，与毛豆一同入锅焯 2 分钟，投入凉水中，捞出沥干水分。3. 起锅热油，放入鸡丁，炒熟，放入毛豆、胡萝卜，淋上药材汤汁，焖 5 分钟后，淋上香油起锅即。

健康提示： 这是一道可帮助子宫适合受精卵着床的食谱，具有改善子宫寒冷、赤带、白带、手脚冰冷的功效。

第 **2** 章

孕1月（0~4周），
一颗悄然细致的心

快乐迎来准妈妈身体变化和胎宝宝发育

胎宝宝从无到有

1~2周

此时胎宝宝还没有呢，是分别在爸爸体内养精蓄锐的精子和在妈妈体内茁壮成长并正经历竞争的卵子。

到第2周周末的时候，准妈妈进入排卵期了，成熟的卵子从卵巢排出后，会在输卵管2/3的壶腹部等待精子的到来。爸爸体内约3亿个精子也已经做好准备，即将展开一场激烈的竞争，在准妈妈的体内经历"长途跋涉"后，最后约有300个精子会来到卵子

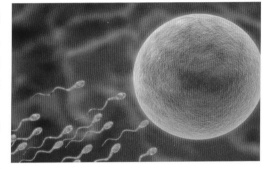

身边，但最终只有一颗最幸运最强壮的精子与卵子结合，正式开始生命之旅。当然，有时也会有2个或2个以上的精子同时进入卵细胞中，那么准妈妈就拥有了一个双胞胎或者多胞胎。

胎儿3周

受精卵形成以后，开始急速分裂，大约3天后，就已经分裂出12~16个细胞，变得像一个桑葚，叫作桑葚胚。在分裂的过程中，受精卵还会不停地移动，开始由输卵管向子宫进发，2天以后，桑葚胚已经分裂成长成一个拥有100多个细胞的胚泡，开始准备着床。

胎儿4周

受精后6~7天，受精卵抵达子宫开始着床，于11~12天内完成着床过程。着床一般是在子宫前壁或后壁的中上部，如果着床在输卵管，就会形成宫外孕，引发意外；如果着床在宫颈口附近，就形成了前置胎盘，会给将来的分娩造成小小的麻烦。

着床后胎宝宝就开始进入飞速发育期，胚胎细胞以惊人的速度分裂，细胞数量急剧增长，并逐步分化成不同的组织和器官。大脑的发育也会在这时候开始。到第4周结束的时候，胎宝宝已经发育成为头和身体直接相连、拖着长长的尾巴、形如小海马的小生命，并开始通过一些轻微症状向细心的准妈妈宣告自己的存在了。

🍲 准妈妈的怀孕信号

在怀孕第1个月，准妈妈的身体只有些轻微的身体症状和外观改变：

子宫变大

子宫开始增大、变软，逐渐成为球形，子宫血管变粗，弹性增加，子宫颈变软，到第1个月月末，子宫容积会比孕前增加一千倍左右。

乳房变大、乳腺增生

受雌性激素的影响，准妈妈的乳房会在受孕后明显增大，乳晕颜色变深，乳腺管和腺泡也会开始增生，为以后哺乳打下基础，但没有经验的准妈妈很难与月经来临前的乳房发胀区分开来。

阴道伸展性增强

阴道黏膜开始变得肥厚、充血，阴道壁组织逐渐变得松软，伸展性逐渐增强。

轻微尿频

由于新陈代谢加快，肾脏负担加重，准妈妈会发现自己的小便次数增多了，少数准妈妈还会因此发生肾盂肾炎。

胸闷、气短

由于胎宝宝的发育需要消耗氧气，准妈妈身体对氧气的需要量大大增加，有些准妈妈会在此时感到胸闷、气短，容易疲劳，有些准妈妈则没有感觉。

皮肤变化

怀孕会使准妈妈外阴、肚脐周围和下腹部皮肤颜色加深，有些准妈妈还会出现淡淡的妊娠斑。

准妈妈和胎宝宝的营养管理

🍲 继续补充叶酸

现代医学已经证实，叶酸与胎儿的神经管畸形有着密切的关系：

1. 在孕早期，准妈妈腹中的胎儿虽然只有一小节手指那么大，可是他的神经系统发育却已完成。

2. 当还是胚胎的宝宝在母体中发育至第3周～第4周时，神经管应该已经闭合，如果未能完全闭合，就是神经管畸形了，表现为脊柱裂、脑膨出、无脑儿为主的中枢神经系统发育畸形，而发生的原因就是孕前及孕早期叶酸的缺乏。除此之外，叶酸的缺乏还会导致先天性心脏病、唇腭裂的发生。

无论怀孕前或是怀孕后，身体对叶酸的摄入量都很可能是不够的，因此即便在备孕期间每天服用叶酸片了，怀孕后也需坚持，直至孕早期结束。

由于怀孕的前28天是神经管畸形的敏感期，很可能准妈妈还没有意识到自己怀孕时就已经度过了这段时间，所以最佳的方法是从备孕前三个月起就不间断补充，直到怀孕第三个月，中间尽量不要有停顿。

除了每天小剂量的叶酸增补剂，天然的富含叶酸的食物也需要时常摆上餐桌，比如动物肝肾、绿叶蔬菜等，将营养更加合理化。

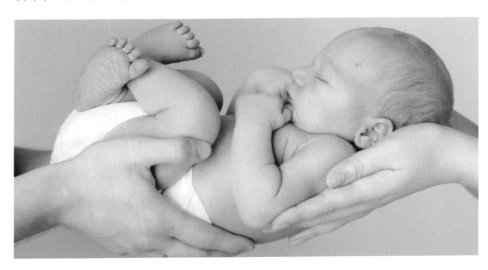

孕早期不用刻意进补

针对怀孕的营养来说，孕 1 月的营养增加是个可以忽略的问题，因为孕 1 月结束的时候，胚胎的大小才 0.24 毫米，肉眼几乎难以看到，单独需要的营养是很少的。

在整个孕早期来说，胚胎需要的营养都是很少的，即使到了孕 12 周末，胎儿体重才 20 克，仅仅相当于一个鸡蛋的 1/3，所以怀孕最初的三个月，胎宝宝需求的营养并没有想象的那么多，饮食和从前差不多就可以了。

倘若准妈妈在备孕期并不缺乏营养，怀孕前后的活动量变化也不大，那备孕期直至怀孕后的头三个月内并不需要刻意增加热量摄入，千万不要抱着"一个人吃两个人补"的想法，认为怀孕后应当吃得多一些，这极容易导致营养过剩，体重超标，带来各种妊娠并发症，不仅给怀孕带来风险，还会给分娩增加困难。

孕早期只需要坚持补充叶酸，并保证每日饮食结构合理即可，到了孕中晚期，随着胎宝宝营养需求的增多，才需要适当增加热量摄入。

为怀孕做必要的营养储备

虽然说孕 1 月还不必特意增加营养，但如果认为孕 1 月完全不需要注重营养，这也是不科学的。备孕和怀孕的前期，都需要为将来的怀孕做好营养储备。

孕中期胎儿发育很快，需要营养较多，怀孕五六个月时容易出现生理性贫血、小腿抽筋等情况，准妈妈需要未雨绸缪。

铁能在体内储存 125 天，碘能储存 1 000 天，钙的储存时间达到 2 500 天，因此，在孕 1 月还没有出现妊娠反应的时候，准妈妈的营养重点可以放在补血、维生素、矿物质、蛋白质和部分不饱和脂肪酸。具体可以多吃一些鱼、肉、蛋、奶这些蛋白质，多吃一些时令水果和蔬菜，以及豆类、海产品、粗粮、芝麻、木耳、非规模养殖动物的肝脏、花生、核桃等，饭量保持原先正常的饭量就够了。

维持营养平衡的好习惯

孕早期的胚胎虽然不需要太多营养，但这又不意味着不需要营养，他对营养的需求很简单：充足但不过量、偏颇。

营养过剩就如同幼苗的土壤过于肥沃，这对胚胎的成长也不利，还要注意营养不能过度偏颇，比如维生素A多了会中毒，会导致畸形；锌补充多了，对于钙的吸收会产生竞争抑制的作用，妨碍钙的吸收；铁储存过多会导致先天性心脏病的危险；叶酸少了会造成神经管畸形等。

营养平衡，就是一个不多不少、恰如其分的营养环境，因此，孕前和孕早期的某些营养补充，要依据身体的血常规、微量元素和常量元素检查而的，不能盲目补充。

通过饮食缓解怀孕压力

压力会影响体内的激素分泌，造成月经紊乱，影响正常排卵，对于急于怀孕的准父母来说，怀孕本身已经成了一种压力，这种压力可能会让性生活的乐趣大减，甚至潜意识里抵触性生活，这些都是对受孕不利的。

准爸妈在压力太大的情况下，除了学会放松心情外，还可以吃一些"减压食物"来改变心情：

食物	食用功效
麦片	麦片中丰富的碳水化合物能产生一种使人心情放松的化学物质血清胺
菠菜	菠菜中富含镁，这种矿物质有助于缓解压力
橙子	橙子中丰富的维生素C有助于维持激素分泌水平，并增强免疫力，让人身心轻松
牛奶	牛奶富含钙，补充足量的钙可以减少肌肉痉挛，舒缓压力，改变焦虑易怒的情绪

🍲 孕早期的饮食原则是什么

均衡饮食

在专家的指导下，实行均衡饮食原则，这是整个孕期必须遵守的一个基本饮食原则。所谓均衡饮食即合理食用孕期适宜食用的食品，且不挑食和偏食，以保证营养和热量的均衡吸收。

少量多餐

从确定怀孕开始，就要逐步形成少量多餐的饮食习惯，将原来的一日三餐制逐渐转变为一日五餐，即在上午和下午的两餐中间做些营养补充，将日常餐饮的量均衡调整。

确保无机盐、维生素的供给

为了补充足够的钙质，应多进食牛奶及奶制品，不喜欢喝牛奶的准妈妈可以喝酸奶、吃奶酪或喝不含乳糖的奶粉；呕吐严重者应多食蔬菜、水果等碱性食物，以防止发生酸中毒。

适当增加热量的摄入

在主食方面，准妈妈要注意营养丰富全面，满足胎宝宝和自身每天的需要，以免因饥饿而使体内血液中的酮体蓄积被胎宝宝吸收后，对胎宝宝大脑的发育产生不良影响。

保证优质蛋白质的供应

准妈妈要经常食用蛋类、乳类、豆类及其制品，这些食物是优质蛋白质的主要来源。

避免刺激性食物

准妈妈在饮食中还需注意避免喝浓茶和含咖啡因的饮料。应尽量少吃含有刺激子宫收缩成分的食物，如山楂、荸荠等，因为这些食物有可能引发流产和早产。热性食物也要尽量少吃，如狗肉、辣椒等，人参等参类补品也不宜吃；性味偏凉的食物也不宜吃，如螃蟹、甲鱼等；滑利食物（易引起拉肚子的食物）也不能吃，以免造成流产。

怀孕每月怎么吃

🍚 孕早期适当吃酸利于健康

孕早期，很多准妈妈爱吃酸，这与怀孕有一定关系，怀孕导致准妈妈胃酸分泌减少，消化酶活性降低，影响胃肠的消化吸收功能，准妈妈可能因此产生恶心欲呕、食欲下降等症状，适当的酸性食物不但可以减缓这种症状，还有利于准妈妈吸收营养。

酸味食物可以刺激胃液分泌，帮助提高食欲，摄入营养，其富含的维生素 C 还可增强母体的抵抗力，促进对铁质的吸收作用，预防贫血。

怎样选择酸味食物

孕期吃酸应以既有酸味又营养丰富的新鲜水果等为首选：西红柿、樱桃、杨梅、石榴、橘子、酸枣、葡萄、青苹果等酸味水果中不但含有丰富的维生素，还可提高钙、铁和维生素 C 的吸收率，是健康的选择。

值得注意的是，虽然山楂营养丰富，但其含有刺激子宫收缩的成分，孕早期的准妈妈不要吃山楂以及山楂制品。

另外，人工腌制的酸菜、醋制品虽然有一定的酸味，但维生素、蛋白质等多种营养几乎丧失殆尽，而且腌菜中的致癌物质亚硝酸盐含量较高，过多食用无益健康，不能贪图它们的酸味。

🍚 为何孕期变得喜吃辣

大部分准妈妈在孕期胃口会偏酸，但也有准妈妈变得喜食辣，这可能是准妈妈自身伴随怀孕症状而发生的特殊口味喜欢转变，以刺激自己对食物的进食欲望。

如果是变得喜吃辣，要特别注意食物的选择，而且要比酸味食物更加适量，微辣的食物，比如青椒、红椒、大蒜是首选，那些特别辛辣的食物一定要少吃，否则不但会影响胃肠消化功能，还会加重孕期便秘。

营养师推荐的完美菜单

凉拌芦笋——抗寒冷、抗疲劳

原料：芦笋400克，青椒、洋葱各1个，白糖、香油、醋、盐、胡椒粉各适量。

做法：1.青椒、洋葱洗净，切末；芦笋洗净，切段，入沸水氽至熟，捞出，控净水。2.将白糖、醋、香油、盐、胡椒粉各取适量，混合均匀，倒入装有芦笋的容器中。3.加青椒、洋葱搅拌均匀即可。

健康提示：芦笋是真正的绿色无公害蔬菜，具有调节免疫功能、抗肿瘤、抗疲劳、抗寒冷、抗过氧化等保健作用，也是做凉菜的好食材。

芦笋口蘑汤——增强体质

原料：芦笋100克，口蘑5个，红柿子椒1个，香油1勺，葱花、盐、植物油各适量。

做法：1.将所有材料洗净，芦笋切段、口蘑切片、红柿子椒切菱形片。2.起锅热油，下葱花煸香，放入芦笋、口蘑略炒，加入适量水煮5分钟，放盐调味。3.出锅前放入红柿子椒，淋上香油，撒入葱花即可。

健康提示：口蘑最好食用鲜蘑，食用前一定要多漂洗几遍，以去掉某些化学物质。

豆芽炒猪肝——预防贫血

原料：豆芽 400 克，猪肝 100 克，姜 2 片，盐 1 小匙，植物油、酱油、醋、料酒、鸡精各适量。

做法：1. 将豆芽洗净，用沸水汆烫后，捞出来沥干水备用；将猪肝洗净，剔去筋膜，放入锅中煮熟，取出晾凉，切成薄片备用；姜洗净切丝备用。2. 锅内加入植物油烧热，放入姜丝爆香，倒入豆芽，大火翻炒几下，烹入适量醋后炒匀，盛入盘中。3. 另起锅加入植物油烧热后，倒入肝片，迅速炒散，加入酱油、料酒，翻炒几下后将炒好的豆芽倒入锅内，加入鸡精、盐，翻炒均匀即可。

健康提示：这道菜营养丰富而全面，有助于准妈妈预防贫血、防止胎儿畸形。

牛肉南瓜米糊——补充营养

原料：大米、南瓜各 100 克，牛肉 50 克，盐适量。

做法：1. 南瓜去皮及瓤，洗净切丁；牛肉切成绿豆大小的粒；大米淘洗干净，控去水分。2. 将大米放入豆浆机桶内，注入清水至下水位线，再加入南瓜、牛肉粒和盐。3. 放入机头，按常规打成米糊，盛入碗内即可食用。

健康提示：牛肉为滋补强壮之佳品。牛肉蛋白质所含的必需氨基酸甚多，故其营养价值很高，享有"肉中骄子"的美称。

黄豆芽蘑菇汤——提高免疫力

原料： 鲜蘑菇、黄豆芽各 100 克，葱花叶少许，高汤 200 克，盐、香油各 1 小匙。

做法： 1. 蘑菇去蒂洗净，切片备用；黄豆芽洗净备用。2. 锅置火上，放入高汤烧开，先将黄豆芽放进去煮 10 分钟左右，再放入蘑菇，用小火煮 10 分钟左右。3. 放入盐，撒上葱花，淋入香油即可。

健康提示： 这道菜味道鲜美，可以提供多种氨基酸，还有助于提高身体免疫力，为胎宝宝营造一个安全、健康的成长环境。

蛤蜊豆腐汤——提高孕育功能

原料： 豆腐 200 克，蛤蜊 30 克，葱末、姜末各适量，咖喱半大匙，植物油、盐各适量。

做法： 1. 将蛤蜊洗净，吐净泥沙；豆腐洗净切片。2. 起锅加植物油，待油七成热时，爆香葱、姜后，加水。3. 煮沸时，放入蛤蜊、豆腐片、盐和咖喱，以小火炖至豆腐入味。

健康提示： 蛤蜊含有锌、硒等营养素，豆腐含有维生素 E，搭配烹调可促进生精、提高孕育功能。另外，这道汤中还含有大量的碘，可为怀孕后储备碘元素，以备胎宝宝脑发育之需。

怀孕每月怎么吃

小白菜丸子汤——缓解紧张情绪

原料： 小白菜 2 棵（约 30 克），肉馅 50 克，猪骨高汤 50 毫升，香油半茶匙，姜末少许。

做法： 1. 小白菜洗净后，切碎；肉馅放入香油、姜末搅拌均匀。2. 用锅将猪骨高汤煮开后，把肉馅捏成丸子，放入锅中再次煮开，下入小白菜碎，再煮 5 分钟即可。

健康提示： 小白菜是蔬菜中矿物质和维生素最丰富的菜之一，可以提高人体的免疫功能，增强抗病能力，减缓精神紧张。

炝虾子菠菜——补血、助消化、通便

原料： 菠菜 500 克，水发虾子 5 克，花生油 10 毫升，香油 3 毫升，精盐 4 克，味精 1 克，花椒粒少许。

做法： 1. 将菠菜择洗干净，切段。将花椒粒炸香后捞出，再把发好的虾子放入油锅中氽一下备用。2. 将菠菜放入沸水锅内略焯，再放入凉开水后捞出，然后加入精盐、味精、香油和炸好的虾子花椒油，拌匀即成。

健康提示： 此菜色泽翠绿，鲜香利口。具有补血、助消化、通便的功效。

鸡汤豆腐小白菜——补充叶酸

原料： 豆腐 100 克，鸡肉 100 克，小白菜 50 克，鸡汤 1 碗，姜丝适量，盐、鸡精各少许。

做法： 1. 豆腐洗净，切成块，用沸水汆烫后捞起备用。2. 将鸡肉洗净切块，用沸水汆烫，捞出来沥干水备用；小白菜洗净切段备用。3. 锅置火上，加入鸡汤，放入鸡肉，加适量盐、清水同煮。4. 待鸡肉熟后，放入豆腐、小白菜、姜丝，煮开后加入鸡精调味即可。

健康提示： 补充叶酸，还可增强消化功能、增进食欲，并且对胎宝宝神经、血管、大脑的发育都有很大的好处。

榨菜蒸牛肉片——补虚养身

原料： 牛肉（肥瘦各一半）200 克，涪陵榨菜 50 克，酱油 2 小匙，盐、淀粉、红糖、白糖各 1 小匙，胡椒粉适。

做法： 1. 牛肉洗净，切成 3 厘米见方、0.5 厘米厚的片备用。将榨菜用清水投洗几遍，切成碎末备用。2. 将牛肉片放入碗中，加入酱油、红糖、淀粉、胡椒粉及 10 毫升凉开水，搅拌均匀，腌制 10 分钟左右。3. 将榨菜末用白糖拌匀，拌入牛肉片中。4. 蒸锅加水烧开，将盛牛肉片的碗放入笼屉中，蒸 15 分钟左右即可。

健康提示： 这道菜口味咸鲜，营养丰富。还可以调理气血，补虚养身。

第 3 章

孕 2 月（5~8 周），还不必大吃大喝

快乐迎来准妈妈身体变化和胎宝宝发育

🍚 胚胎脑部正在高速发育

胎儿5周

着床完成后的胚胎迅速向四周扩展，到第5周时已经形成3个胚层：外胚层将分化成神经系统、眼睛的晶体、内耳的膜、皮肤表层、毛发和指甲等；中胚层会分化成肌肉、骨骼、结缔组织、循环、泌尿系统；内胚层则分化成消化系统、呼吸系统的上皮组织及有关的腺体、膀胱、尿道及前庭等。

这时的胚胎大约长6毫米，有苹果籽那么大，从外观上看像一个"小海马"。四肢处开始形成肢体的幼芽，嘴巴已经初具雏形，嘴巴上的两个黑点是鼻孔，心脏的心脏板和骨骼的基本形状已经形成。

神经系统和循环系统在这个时期最先开始分化，主要的内脏如肾脏和肝脏开始生长。这一周是胎宝宝大脑发育的关键期：到本周周末，胎宝宝的中枢神经管将从胚胎的底部伸展到顶部，进而形成脊髓和大脑。

胎儿6周

进入第6周，胚胎的发育出现了质的变化，初级的肾脏和心脏等主要器官都已形成，而且神经管在此时开始连接大脑和脊髓。此时的胚胎外观像一颗小松子仁。

胎儿7周

到第7周末时，胚胎像一粒豆子大小了，有一个特别大的头，眼睛位置有两个黑黑的小点，鼻孔开始形成，耳朵的部位明显隆起，手臂和腿开始萌出嫩芽，手指也是从现在开始发育的。另外，心脏在此时会分化出左心房和右心室，心跳每分钟达到150次。脑垂体开始发育。

胎儿8周

进入第8周，胚胎大约有20毫米长，像一颗葡萄。胚胎已初具人形，但还带着一个小尾巴。胚胎的大脑和心脏已经发育得非常高级。眼睑出现了褶痕，鼻子开始倾斜，耳朵正在成形，牙和腭也开始发育，胳膊在肘部变得弯曲，手指和脚趾间有蹼状物。此时的胚胎皮肤像纸一样薄，血管清晰可见。胎儿此时可以在羊水中开始运动了。

早孕反应开始了

孕5周的准妈妈

准妈妈的乳房开始发胀，乳头变得更加敏感，不经意的触摸都感觉疼痛。乳头周围开始出现黑色素沉淀，并微微隆起。有的准妈妈在这时可能会感到食欲旺盛、饭量增加，有的准妈妈则出现轻微的恶心、呕吐。

孕6周的准妈妈

这一周的准妈妈会变得容易疲劳、嗜睡，乳房进一步增大、变软，乳晕处开始出现结节，还可以出现轻微的阴道出血现象（上厕所时发现内裤有血迹或便后出血）。如果出血的量比较大（像月经来潮一样），最好立刻到医院咨询医生，因为这可能是流产的先兆。

孕7周的准妈妈

这一周的准妈妈将出现明显的早孕反应：早晨起床后通常会感到恶心，非常容易呕吐，还可能感到嘴里有一种说不清的难闻味道。在这一周里，准妈妈常常会觉得饥饿，甚至饿到饥不择食地吞咽各种食物。这是胎儿发育所引起的正常妊娠反应，只要坚持一段时间，就会自动消失。

孕8周的准妈妈

恶心、呕吐等妊娠反应继续发生，有些准妈妈开始变得没胃口。这一周的准妈妈乳房变得更大，腰围也开始增加。由于子宫的扩张压迫到膀胱，大部分准妈妈会出现尿频症状。

妈妈和宝宝的营养管理

🥄 通过饮食避免或缓解孕吐

大多数的准妈妈是从孕 5~6 周开始发生孕吐，孕吐通常最容易发生在早晨和晚上。准妈妈首先要意识到孕吐是非常正常的现象，吃不下东西可能是对致畸敏感期胚胎的一种保护，忧虑与担心反而会加重反应；配合一些巧妙的饮食调整，能够缓解孕吐程度。

少食多餐

怀孕后，由于受体内激素水平变化的影响，准妈妈很容易出现食欲不振、消化不良、腹胀等情况，应将平时的一日三餐改为每天吃上 5 ~ 6 餐，每次少吃一点，对缓解因胃肠功能减弱引起的厌食情绪很有帮助，由于随时补充能量，准妈妈的精力相对较好，也有助于减少因受到各种刺激而出现的恶心、呕吐。

多吃营养素含量丰富的食物

淀粉类主食（可包含一些粗粮、杂粮）、新鲜蔬菜（特别是深绿色叶菜）、新鲜水果（特别是红色和黄色水果）、蛋类、酸奶、牛奶等食物均属于营养素含量丰富的食物，准妈妈可根据自己的情况选择。

变换花样增进食欲

用蒸、煮、炖、煨、拌等多种方法使食物的口感变得多样，准备食物时在食物的形、色、味等方面多花点心思，通过颜色、形状的搭配使食物变得赏心悦目，可促进食欲。呕吐剧烈时可以尝试用水果入菜，如利用柠檬、脐橙、菠萝等做材料来烹煮食物，以增加食欲，也可食用少量的醋来增添菜色美味，还可以试一试酸梅汤、橙汁、甘蔗等来吸引食欲，获取营养。

顺应准妈妈的特殊口味

搭配合理、营养均衡的前提下，尽量顺应准妈妈的特殊口味和嗜好，喜欢酸、辣的准妈妈，可适量吃些酸辣食物以增进食欲。

适量吃点姜

任何形式的姜，如姜汁、姜片、姜茶，甚至是含姜的点心都会对抑制晨吐很有好处，但不可过量，一天食用不要超过三次。

补充水分，避免脱水

自制果汁、豆浆、糙米浆、热奶、冰镇酸奶等都是既有营养又可补充电解质的饮料，注意饭前少喝水，饭后足量喝水，也可吃流质、半流质食物。

缓解孕吐的小窍门

准妈妈会没有任何原因就呕吐，有的时候本来正在安安稳稳地吃饭，可能闻到了什么味道就会出现恶心、呕吐，可以通过这样一些小窍门来缓解：

1. 烤面包、烤馒头和饼干等食品能减轻恶心、呕吐，准妈妈可以先在床边放一些，每天在睡前以及起床前都吃几片，可以减轻晨吐。

2. 早晨起床时动作要慢，以免加剧晨吐。

3. 早晨喝水时，可加些苹果汁和蜂蜜，或者吃些苹果酱，可以起到保护胃的作用。

4. 清晨刷牙时经常会受刺激而产生呕吐，先吃点东西再刷牙会让你舒服一些。

5. 在手帕上滴几滴你闻起来心神舒畅的味道，比如柠檬，或者干脆就买新鲜的柠檬，恶心的时候经常闻闻，或者作为有难闻的气味时应急，都可以减少恶心呕吐的发生。

6. 控制房间的温度，尽量使自己感到凉爽，这样可以减轻恶心的感觉。

7. 冰凉的食物更容易被孕吐期间的身体接受，因此有些热的食物不要立即吃，可以放凉以后食用，只要慢慢吃，不会对胎儿造成损害。

8. 不要因为吃不下饭、恶心呕吐、乏力，就老是在床上待着，尤其是早上不要赖床，否则会加重孕吐和疲劳感，相反，适当活动一下身体还能减轻妊娠反应。

9. 将餐厅的环境布置得赏心悦目，这样可以刺激食欲，减少恶心的感觉。

10. 每天都要吃些新鲜的水果和蔬菜，以免体内堆积太多酸性物质，使胃酸增多，引起孕吐。

怀孕每月怎么吃

🍲 要特别注意的食物致畸

从末次月经算起，怀孕第 5 ~ 10 周属于致畸敏感期，也就是器官形成期，孕 2 月是最为敏感的时期。身体不同器官的致畸敏感期如下：

身体部位	敏感的时间
大脑、中枢神经系统	孕 5 周第 1 天至孕 8 周第 3 天
心脏	孕 5 周第 6 天至孕 10 周第 1 天
四肢	孕 6 周第 3 天至孕 10 周第 5 天
眼睛	孕 6 周第 4 天至孕 9 周第 5 天
生殖器	孕 8 周第 5 天至孕 11 周第 6 天

容易致畸的食物，主要是被化学、生物和药物污染的食物，如不熟的肉片中含有导致畸形的弓形虫、用孔雀石绿处理过的水产品、发霉的土豆等，都可能导致畸形，需要留心避免。

即使是没有毒性的食物，如果饮食结构不合理，比如食物中叶酸缺乏、碘缺乏，或者维生素 A、维生素 D、维生素 E 过量，也可能引起畸形。

另外，不正确的时期食用一些食品，比如在孕 5 ~ 12 周，大量食用豆制品，豆类制品中的植物雌激素，就会对抗雄激素，对于孩子将来生殖器会有一定影响；在受精后 24 ~ 54 天，如果大量且单一的高糖饮食，会影响宝宝成为先天的弱视患者等。

还要注意的是，吸烟、酗酒、吸毒是致畸因素，一定要注意避开。

🍚 选择易于消化的食物

早孕反应期间应尽量吃口味清淡、有营养、容易消化的食物，少吃油腻、辛辣、口味较重的食物。

容易消化和吸收的食物主要指流质、半流质食物和比较软的食物，如牛奶、粥、稀饭、面条、馄饨、软米饭、馒头、花卷、包子、软饼等。

制作这些食物时，最好加入各种新鲜蔬菜、肉末、鱼肉、鸡茸、鸡蛋等，以增加营养，但要注意控制肉类食物和油脂的添加量，不应过多。

🍲 记孕期饮食日记

要想了解自己的饮食特点和习惯，最好的办法莫过于记录每天的饮食，只需几天，就会发现自己的饮食规律，做出改进就很容易了，这对改善孕期营养状况大有帮助。

如何写孕期饮食日记

1. 边吃边写，不要在睡前再回忆今天都吃了什么，更不要在一周结束的时候才去回忆。

2. 什么都要写，把孕期饮食日记放在包里，随时记下自己吃过喝过的全部东西，从一罐苏打水到随手拿来的几块饼干都要算上，这类"小吃"最容易被忽略，但对孕期健康却有很大的影响。

3. 别忽略细节，一定要写明面包是否涂了果酱，汉堡里是否有奶酪，汤里是否泡饼了。

4. 记录要诚实，饮食日记是给自己看的，所以，千万不要假装自己的孕期饮食很健康。

5. 列出自己需要摄入的营养素，将这些营养素转化成常见的食材，对应着列举出来。

6. 每天提醒自己喝水，准妈妈每天需要喝 6~8 杯 250 毫升的水，水对孕期大有好处，每天都不应该忘了主动喝水。

孕期饮食每周小结

一周结束时，翻看一下自己这一周的孕期饮食日记，这样可以看到自己过去的一周中有哪些不良的饮食习惯，看看有多少次是在不太饿或情绪不好的时候吃东西的，有没有吃到所有列出的孕期营养物质或者哪些营养素摄入有些多了……

总结一下自己在过去的一周里，哪些方面做得好，哪些方面是希望改进的。然后，写出下周孕期饮食目标，看看哪些是该多做或少做的，哪些需要改变或只要保持就行了。

🍚 7种坚果为孕期加油

核桃

核桃含有的磷脂具有增长细胞活力的作用，能增强机体抵抗力，具有补脑、健脑的功效。另外，核桃仁还有镇咳平喘的作用，其中含有很多抗忧郁营养素，有利于缓解孕早期消极的情绪。

榛子

榛子含有丰富不饱和脂肪酸，并富含磷、铁、钾等微量元素，以及维生素 A、B_1、B_2、烟酸，有利于胎儿的健康发育。

开心果

开心果果仁含有维生素 E 等成分，有抗衰老的作用，能增强体质，开心果中含有的丰富的油脂具有有润肠通便的作用，有助于预防准妈妈便秘。

瓜子

葵花子所含的不饱和脂肪酸能补充母体所需要的脂肪，还能起到降低胆固醇的作用；西瓜子中医认为性味甘寒，具有利肺、润肠、止血、健胃等功效，当零食食用都是不错的选择。

花生

花生蛋白质含量高达 30%左右，其营养价值可与鸡蛋、牛奶、瘦肉等媲美，且易被人体吸收。花生皮还有补血的功效。

松子

松子含有丰富的维生素 A 和 E，以及人体必需的脂肪酸、亚油酸和亚麻酸，还含有其他植物所没有的皮诺敛酸，具有益寿养颜、祛病强身之功效，可提高准妈妈的免疫力，生着吃或者做成美味的松仁玉米都是你不错的选择。

杏仁

杏仁有降气、止咳、平喘、润肠通便的功效。对于预防孕期便秘很有好处。不过中医认为杏仁有小毒，不宜多食。

健康提示　一般而言，每天 50 克坚果就能发挥它的最佳效用。

哪些情况下需要喝孕妇奶粉

这些准妈妈可以喝孕妇奶粉

由于各种客观条件的限制，如胃肠消化吸收不好、有妊娠合并症或饮食不规律、长期在外就餐，这类准妈妈可能很难做到营养均衡。这时喝一些添加了 DHA、维生素和矿物质的孕妇奶粉是很好的选择，孕妇奶粉的营养素比较全面，基本上可以满足孕期的营养需要。

什么时候喝

可以从准备怀孕前 3 个月开始每天喝约 250 毫升孕妇奶粉，这对需要长期在外就餐，通过常规饮食很难做好孕前营养准备的职场中的准妈妈来说，再合适不过了。

孕早期胚胎较小，生长缓慢，所需的营养基本与孕前相同，加上恶心、呕吐等早孕反应的来袭，准妈妈可能喝不下孕妇奶粉，这时不要勉强自己，可以选择不喝。

孕中期和孕晚期，早孕反应带来的不适慢慢减退、消失，准妈妈的胃口越来越好，胎宝宝所需的营养也越来越多，可将牛奶换成孕妇奶粉来补充营养。

健康提示 孕妇奶粉只是在做不到营养均衡前提下的一种补充手段，并不能 "包治百病"，如果喝孕妇奶粉，准妈妈需要注意不要再额外补充别的营养素，以免造成营养摄取过量。如果补充营养素，建议咨询医生。

营养师推荐的完美菜单

桂花山药——收敛固气、滋补气血

原料： 山药 400 克，桂花酱 2 大匙。

做法： 1. 将山药洗净，放入蒸锅，大火蒸 20 分钟，取出晾凉备用。2. 将蒸好的山药去皮，切长条后码盘，浇上桂花酱，食用时拌匀即可。

健康提示： 山药有收敛固气、滋补气血的作用，可以提高准妈妈的体质和免疫力。桂花可以帮助消化，使这道点心更加爽口。

枸杞青笋肉丝——补阴补血

原料： 猪瘦肉 200 克，青笋 100 克，枸杞子 50 克，花生油 100 克，食盐 6 克，香油、白糖各 4 克，味精 3 克，干淀粉 5 克，绍酒、酱油各适量。

做法： 1. 枸杞子洗净，待用。2. 猪瘦肉洗净，片去筋膜，切成细丝。3. 青笋择洗干净，切成细丝。4. 炒锅烧热，放入花生油，将肉丝、笋丝同时下锅滑散，烹入绍酒，加入白糖、酱油、食盐、味精搅匀。5. 投入枸杞翻炒片刻，用淀粉勾薄芡，淋入香油，推匀即可。

健康提示： 枸杞子能滋肝补肾、明目抗衰；猪肉能滋阴补血、强壮身体，再配以营养丰富的青笋，可明目健身、补阴补血。

凤梨炒饭——开胃、止吐

原料： 凤梨 100 克，鸡腿肉 100 克，洋葱 1 个，红甜椒 1/2 个，白饭 200 克，虾米适量，植物油适量，青豆适量，盐少许，胡椒粉少许。

做法： 1. 凤梨、鸡腿肉、洋葱、红甜椒全都洗净切成 1 厘米的小丁；青豆洗净；将虾米用水泡开。2. 热锅下植物油，下鸡腿肉、洋葱、红甜椒、虾米，炒匀，加入盐、胡椒粉调味，然后倒入白饭、凤梨、青豆，加少许水一起炒透即可。

健康提示： 这道凤梨炒饭不仅营养丰富，而且色泽鲜艳，口感清香，能勾起食欲。其中凤梨有滋阴润肺、清痰降火的功效，可以预防"秋燥"。

豆腐火腿芥菜汤——增进食欲

原料： 豆腐 100 克，火腿 50 克，高汤 1 碗，芥菜、生姜、胡椒粉、香菜末、盐、花生油各适量。

做法： 1. 芥菜洗净，火腿切丝，生姜洗净切片。2. 豆腐切块或切成厚片，与火腿丝共用少量花生油微煸炒。3. 加高汤、生姜煮沸，起锅前下入芥菜、胡椒粉、香菜末，用盐调味后趁热服用。

健康提示： 此汤用芥菜、香菜、生姜和胡椒散寒，加以豆腐、火腿补中和胃，增进食欲。

韭菜炒豆芽——止吐、开胃

原料： 韭菜 100 克，绿豆芽 100 克，花生油 30 克，酱油、鸡精、香油、盐各适量。

做法： 1. 先将韭菜彻底洗净，切成 3 厘米长的段；将绿豆芽去尾，洗净备用。 2. 将锅内加入花生油烧至七成熟，放入绿豆芽和韭菜段一起翻炒，加入酱油、盐再炒几下，最后加入鸡精，淋上香油，出锅装盘即成。

健康提示： 可以适量加些醋，止吐、开胃效果更佳。

银鱼炒鸡蛋——促进胎宝宝的神经和骨骼发育

原料： 银鱼 250 克，鸡蛋 4 个，红甜椒 1 个，葱 2 根，料酒、盐各 1 小匙，植物油、鸡精少许。

做法： 1. 将银鱼洗净，放入料酒、鸡精、半小匙盐拌匀，腌制 5 分钟左右。鸡蛋打入碗内，加少许盐拌匀。葱洗净，切成葱花。红甜椒洗净，切小块。 2. 将锅内加入植物油烧热，放入银鱼炒熟后，盛出备用。 3. 另起锅放植物油烧热，倒入蛋液，快速翻炒至结块后倒入银鱼，加入葱花和红甜椒炒匀后即可。

健康提示： 这道菜中含有丰富的蛋白质、不饱和脂肪酸、钙、磷、铁、维生素等营养成分，对胎宝宝的神经和骨骼发育有促进作用。

蘑菇什锦包——减轻孕吐

原料：鲜蘑100克，胡萝卜150克，香菇、荸荠、冬笋、腐竹、黄瓜各50克，木耳25克，面粉500克，姜末适量，花生油100克，香油25克，料酒、白糖、精盐、碱水各适量。

做法：1. 黄瓜、胡萝卜洗净切成丝；鲜蘑、冬笋洗净切成片，放入开水锅中氽一下捞出，挤干水分，剁碎。2. 荸荠去皮，洗净，切成丁；木耳、香菇用温水泡好后剁碎；腐竹浸泡后剁碎。3. 腐竹、冬笋、鲜蘑、胡萝卜、荸荠、木耳、香菇一起放入盆内，加入花生油、香油、料酒、白糖、姜末、精盐搅拌均匀，临包时再放入黄瓜丝拌匀。4. 面发好后加入碱水和白糖揉透，揪20个面团，按扁，擀成面皮，包成包子，用旺火蒸10分钟即熟。

健康提示：此菜有补肝明目、补脾消食、下气止咳、清热解毒之功效。无特殊禁忌，适合准妈妈食用。

．．．

枇杷果炖莲藕——润肺和胃

原料：枇杷果5颗，莲藕100克，红糖适量。

做法：1. 枇杷果去皮去核后洗净，莲藕刮皮洗净后切块。2. 把枇杷果和莲藕放进炖盅内，把红糖撒到上面，放入适量的开水（约七成水）。

健康提示：枇杷果清香鲜甜，略带酸味，有润肺止咳、止渴、和胃的作用。与莲藕一起炖成素汤，有润肺止咳、纤体美容的功效。

酸甜水果粥——止呕、增进食欲

原料：苹果半个，梨半个，香蕉半根，橙子半个，猕猴桃1个，米饭1碗。

做法：1. 将材料中的水果洗净，去皮，并切小块。**2.** 普通锅中倒入热开水，加入米饭煮开。**3.** 加入水果，再次煮开，煮5～10分钟，即可装碗。

健康提示：水果酸酸甜甜的味道有助于止呕，非常适合有早孕反应时食用。这样搭配口味清淡，既能增进食欲，又富含营养。

清蒸大虾——温补肾阳

原料：新鲜大虾300克，葱、姜各适量，海味汤50克，醋25克，料酒、酱油均1大匙，香油半大匙，鸡精少许。

做法：1. 将大虾洗净，剁去腿、须，摘去沙袋、沙线和虾脑。姜一半切片，一半切末备用；葱切条备用。**2.** 将大虾摆入碗内，加入料酒、葱条、姜片、海味汤，上笼蒸10分钟左右，取出后拣去葱、姜，取出装盘。**3.** 用醋、酱油、姜末、香油、鸡精对成调味汁，供蘸食。

健康提示：这道菜能够温补肾阳，促进胎宝宝的生长。并且虾中还有丰富的钙质，能满足胎儿的骨骼发育需求。

土豆炖鸡——增进食欲

原料：土鸡1只，土豆300克，葱白2段，姜3片，八角2粒，花椒8粒，红糖、酱油各1小匙，植物油、盐适量。

做法： 1. 将土鸡去毛、去内脏，用清水洗净，切成2厘米见方的大块。将土豆洗净，去皮后切成2厘米见方的块备用。2. 锅内加入植物油烧热，放入花椒、八角、姜片，爆香后放入鸡块，翻炒均匀。3. 加入土豆、盐、酱油、红糖，炒至鸡块颜色变成金黄色后放入葱白跟水适量（以刚没过鸡块为宜），先用大火煮开，再用小火炖1小时左右即可出锅。

*健康提示：*这道菜口味丰富，适合没有食欲的早孕期妈妈食用。

豌豆苗扒银耳——提高身体免疫力

原料：豌豆苗150克，银耳100克，彩椒丝少许，盐1小匙，料酒半小匙，水淀粉、鸡精、香油各适量。

做法： 1. 将银耳用温水泡发。去掉老根洗净，用沸水汆烫后捞出沥干水，撕成小朵。将豌豆苗洗净，取叶，用沸水汆烫。2. 将锅置火上，加入适量清水，放入银耳，再加入盐、鸡精、料酒，中火煮5分钟左右。3. 待汤汁浓稠后，用水淀粉勾芡，淋上香油，撒上豌豆苗、彩椒丝即可。

*健康提示：*这道菜具有补肾、润肺、提神、健脑的功效，有利于提高身体免疫力。银耳中富含的膳食纤维，还能够防治便秘。

麻酱莴苣——安胎、保胎

原料： 莴苣 500 克，芝麻酱 50 克，白糖、盐各 1 小匙。

做法： 1. 将莴苣去皮洗净，切成 0.5 厘米粗的条，投入沸水中余烫一下，捞出来沥干水。2. 将芝麻酱放入碗中，加适量温水，再加入盐和白糖，调匀。3. 将调好的芝麻酱淋在莴苣上，拌匀即可。

健康提示： 莴苣与芝麻酱搭配食用有镇静作用，且能促进食欲。

苏打饼干——抑制孕吐

原料： 低筋面粉 120 克，牛奶 40 毫升，酵母 3 克，植物油 25 克，盐 1.5 克，小苏打 1 克。

做法： 1. 牛奶加热至 30℃ 左右，加入酵母，混合后使酵母溶化；低筋面粉中加入植物油、盐、小苏打混合均匀，倒入牛奶揉成光滑的面团。2. 面团盖上保鲜膜，静置 30 分钟。3. 面团排气后擀成尽量薄的面片。4. 将面片放在铺好吸油纸的烤盘上，切成均匀的小块，并用叉子叉上均匀的小孔。切好的面片静置 10 分钟。烤箱预热至 170℃，中层上下火烤 10 分钟左右。

健康提示： 这款苏打饼干口感微咸酥脆满口香。孕吐严重饭菜难以下咽时，可以吃点苏打饼干，能中和胃酸，减轻反胃程度和次数，有效抑制孕吐。

番茄疙瘩汤——增进食欲

原料： 西红柿1个，鸡蛋1个，面粉100克，植物油、盐适量，香油少许。

做法： 1.西红柿洗净，切成小丁。鸡蛋在碗中打散，待用。2.将面粉放入一个大碗中，加入适量的水用筷子搅拌成小疙瘩，备用。3.中火烧热锅中的植物油，放入西红柿块翻炒片刻，加入适量清水煮开，转小火，放入小疙瘩煮熟，倒入蛋液再次烧开，离火，调入盐和香油，搅匀即可。

健康提示： 西红柿和鸡蛋简直是完美的搭配，富含营养又色彩鲜艳，引人食欲。

牛奶核桃粥——含钙高

原料： 大米100克，核桃仁30克，牛奶300毫升，白糖1大匙。

做法： 1.将大米淘洗干净，倒入锅中，加适量水和核桃仁，中火煮20分钟。2.倒入牛奶，再开锅即成。盛入碗中，加白糖拌匀。

健康提示： 牛奶是钙的最佳来源，核桃中钙、磷、钾、镁、磷脂的含量都很高，二者搭配使此粥的营养更丰富。

第 **4** 章

孕 3 月（9~12 周），
质比量更重要

快乐迎来准妈妈身体变化和胎宝宝发育

🍲 从胚胎变成胎儿

胎儿 9 周

胚胎的小尾巴消失了，成为一个真正的胎儿了。胎儿这一周头臀长度大约为 32 毫米，相当于一颗红枣。此时，他的胳膊已经长出来了，两手在腕部呈弯曲状，并在心脏区域相交。腿在变长而且脚已经长到能在身体前部交叉的程度。开始不断地动来动去，会不停地变换着姿势，不过准妈妈现在还感觉不到，性别也还无法确定。

胎儿 10 周

胎儿现在很像个小人儿了，他的身长大约有 40 毫米，体重为 10 克左右。现在，胎儿基本的细胞结构已经形成，身体所有的部分都已经初具规模，包括胳膊、腿、眼睛、生殖器以及其他器官。这些器官还处于发育阶段，都没有充分发育成熟，但是已经做好了生长发育的准备，不久就会迅速地长大。

胎儿 11 周

胎儿身长达到 45 ~ 63 毫米，体重达到约 14 克。维持生命的器官如肝脏、肾、肠、大脑以及呼吸器官都已经开始发育。手指甲和绒毛状的头发已经开始出现，脊柱的轮廓已经很明显，脊神经开始生长，睾丸或卵巢已经长成了，肠子在脐带与胎儿连接的地方发育，并且可以收缩。胎儿已经在子宫内开始做吸吮、吞咽和踢腿的运作。他会经常津津有味地吸吮自己的拇指、大脚趾、小脚趾。只是动作幅度较小，准妈妈还感觉不到。

胎儿 12 周

胎儿身体的雏形已经发育完成。胎儿的手指和脚趾已经完全分离，一部分骨骼开始变得坚硬，并出现关节雏形。胎盘正在形成。

荷尔蒙的变化带来焦虑感

和以前不同的是，准妈妈此时已经完全知道自己怀孕了，会注意到身体的许多变化，同时受孕激素的影响，准妈妈的情绪波动很大，可能忽然之间变的焦虑不安或者有些健忘。

孕9周的准妈妈

这一周乳房却膨胀得更大，乳头和乳晕的颜色也更深。由于子宫增大的缘故，准妈妈的腰围也开始变大，以前的裤子可能已经穿不上了。孕吐依然存在，但不久就会结束了。从这一周起，准妈妈体内的血液量会随孕程的进展不断增加。到孕后期，准妈妈的体内会有比孕前多出45%～50%的血液在血管中流动。

孕10周的准妈妈

这一周准妈妈的腹部开始微微隆起，不过原本体型就偏瘦的准妈妈往往还不会看出变化来。呕吐、疲倦、尿频、便秘、头晕、嗜睡等妊娠反应还将继续存在，有的准妈妈乳头上还会长出白色的小微粒，这是怀孕后的正常现象。

孕11周的准妈妈

这一周里准妈妈的子宫会增大到柚子大小，位置也升到了骨盆以上，用手触摸自己的耻骨上缘可以摸到硬硬的，这就是子宫。孕吐反应轻，食欲比较好的准妈妈此时体重大概比孕前增加0.45～0.9千克，如果妊娠反应比较重，体重可能会减轻。此时乳房还在继续膨胀，乳头和乳晕的色素也会继续加深，同时，阴道会有乳白色的分泌物流出。

孕12周的准妈妈

到了这一周，有不少准妈妈的早孕反应减弱甚至停止，但也有许多准妈妈还会继续感到不舒服。一般来说，体重会继续增长，乳房也继续变大，需要考虑更换大号的内衣了。

妈妈和宝宝的营养管理

🍚 合理搭配一日三餐

一日三餐是准妈妈每天必须重视的事情，合理的营养、科学的搭配，才能有效保证自己和胎宝宝的健康。

营养务求均衡

所谓"均衡饮食"，也就是均衡摄取六大类食物，包括五谷、根茎类、奶类、鱼肉豆蛋类、蔬菜类、水果类、油脂类，各大类食物分别为人体提供不同的营养素，不应偏废或独钟哪一类食物。

少量多餐慎选点心

考虑到孕期反应，以及孕期胃容量减少、容易反流、胃灼热等，少量多餐是孕期最合适的方法，少食，就是一日三餐都比孕前的量少一点，多餐，就是在三次主餐之外，最好应有 2 ~ 3 次加餐，可安排在早午餐之间、午晚餐之间和睡前。

主食一天的量大概在 250 克左右，吃的品种越多越好，蛋白质类鱼虾是首选，粗粮和细粮需搭配，多吃绿叶蔬菜，少吃油炸食品。

加餐可以与正餐区别开，比如早午餐之间的自制果汁与饼干、午晚餐之间的酸奶与水果、晚餐后的水果与坚果等，都是很好的加餐。

加餐的点心选择一定要做到有所选择，营养高、热量低的食物是最佳，比如水果、麦片、低脂牛奶等，尽量避开高热量、高油脂、高糖的食物，如蛋糕、调味饮料等，否则不但摄取不到有效营养，还容易发胖。

🍲 保证早餐的质量

早餐是每天的第一餐，这一餐对准妈妈和胎宝宝来说也尤其重要。首先孕期一定要吃早餐，还要保证早餐的质量，做到营养全面。

每天都应按时吃早餐

早晨是我们人体新陈代谢最旺盛的时候，也是获取营养素最丰富的时候，不管每天吃什么，最好的时机，就在早晨。据营养学家统计，早晨的第一餐占一天人体营养素摄取量的50%。所以准妈妈一定要记得吃早餐。

如何搭配早餐

准妈妈的早餐应该丰富一点，简单的早餐，比如一个鸡蛋、一杯牛奶加麦片，再加点新鲜水果，以保证维生素和其他营养的需要。

胃肠功能不太好的准妈妈，应多吃点热稀饭、热燕麦片、热奶、热豆花、热面汤等热食，起到温胃、养胃的作用，尤其是寒冷的冬季，这一点特别重要。

适宜早餐吃的食物推荐

食物名称	食用建议
全麦制品，包括麦片粥、全麦饼干、全麦面包等	准妈妈最好选择无糖无添加剂的麦片，按照自己的喜好加一些花生米、葡萄干或是蜂蜜等；全麦面包可以保证每天20～35克纤维的摄入量，并提供丰富的铁和锌
奶、豆制品	在孕中期以后，准妈妈每天都需要大约1000毫克的钙，牛奶、酸奶、豆制品都富含钙质与蛋白质
水果	可以选择的水果种类很多，苹果、桃、梨等都很好
瘦肉	瘦肉富含铁，并且易于被人体吸收，怀孕时血液总量会增加，以保证能够通过血液供给胎儿足够的营养，因此准妈妈对铁的需要成倍地增加
蔬菜	颜色深的蔬菜往往维生素含量高，羽衣甘蓝是很好的钙来源；花菜富含钙和叶酸，有大量的纤维和抗氧化剂，还有助于其他绿色蔬菜中铁的吸收

🍜 孕期午餐与晚餐要点

准妈妈的一日三餐都是必须的，除了早餐外，午餐和晚餐需要注意以下要点：

午餐宜提神养元

午饭过后，人体常常觉得昏昏欲睡，其实，这往往可能是食物的原因导致的，如果午餐吃了大量米饭或土豆等淀粉食物，就会引起血糖迅速上升，从而产生困倦感。

除了避免食用大量淀粉类食物，同时还应该多吃些蔬菜水果，以补充维生素，有助于分解早餐所剩余的糖类及氨基酸，从而提供能量。

优质蛋白质是午餐首选，多吃一些鱼虾类食物，另外要注意粗细粮搭配。

晚餐宜简单清淡

孕期晚餐千万不要吃太多，简单清淡为好，因为一顿丰盛、油腻的晚餐会延长消化时间，导致夜里依然兴奋，从而影响睡眠质量。

另外，还需要特别避开含咖啡因的饮料或食物，它们会干扰睡眠，也对健康不利，产气食物也不宜在晚餐食用，比如豆类、洋葱等，会引起腹胀，令人不舒服也睡不着，辛辣的食物会造成胃灼热及消化不良，同样干扰睡眠。

一般来说，孕期的晚餐和未孕时差不多就可以了，可以在食物种类上丰富一些，另外孕期应该按时吃晚饭，不要拖得太晚。

提早吃一些淡化色素的食物

妊娠斑是由于怀孕后脑垂体分泌的促黑色素细胞激素增加，以及大量孕激素、雌激素的作用，致使皮肤中的黑色素细胞的功能增强，皮肤中斑状色素沉着增加导致的。为了起到防斑美白的辅助治疗作用，准妈妈可以在饮食上多加注意。

多吃富含维生素 C 的食物

维生素 C 可以增加谷胱甘肽的含量，从而降低酪氨酸酶的活性，干扰黑色素形成，令皮肤变白，富含维生素 C 食物有：酸枣、枣、菠菜、萝卜缨、灯笼椒、油菜、尖辣椒、猕猴桃、菜花、苦瓜、蚕豆、红果、西蓝花、枸杞、草莓等。

不多吃含铜量高的食物

由于酪氨酸酶是一种铜结合蛋白酶，铜和蛋白的供应减少，酪氨酸酶的活性会降低，所以少吃含铜量高的食物也有助于淡化色素，富含铜的食物有：黄豆、猪肝、河虾、标准粉、富强粉、糙米、豆腐、鸭肉、精白米、土豆等。

不多吃富含酪氨酸的食物

酪氨酸酶要和酪氨酸反应，才能形成黑色素，因此，酪氨酸的降低，会导致酪氨酸酶的作用降低，富含酪氨酸的食物，常见的有：土豆、地瓜、奶酪、巧克力、动物内脏、白萝卜、茄子、豆类、蛋类、奶类等。

少吃富含雌激素的食物

雌激素的增加，是准妈妈容易长妊娠斑的原因之一，有些食物富含雌激素，准妈妈吃后反而容易长斑，这类食物对于防斑的准妈妈来说要绕行：

植物雌激素的食物主要分为异黄酮和木脂素，异黄酮主要存在于豆类、水果和蔬菜，特别是富含于大豆及豆制品中。木脂素主要存在于扁豆、谷类、小麦和黑米以及茴香、石榴、银杏、茴香、葵花子、洋葱、咖啡和橙汁等食物中。

蜂王浆含有动物雌激素，这些食物，防斑的准妈妈也要少吃。

另外，一些中药富含植物雌激素，也要注意避免：菟丝子、黄芩、槐米、银杏叶、葛根、菊花、金银花、忍冬藤、桑寄生、桑叶、高良姜等。

🍲 孕期饮食不可无鱼

鱼肉的营养非常全面，不但富含优质蛋白质、不饱和脂肪酸、氨基酸、卵磷脂、叶酸、维生素 A、维生素 B$_2$、维生素 B$_{12}$ 等营养物质，还含有钾、钙、锌、铁、镁、磷等多种微量元素，都是胎宝宝发育的必要营养物质。

特别是鱼肉中的 omege-3 脂肪酸和牛磺酸能够促进胎儿脑部神经系统和视神经系统的发育，经常吃鱼，可以令宝宝更聪明。

因此，孕期中准妈妈可以每周吃鱼 2 ~ 3 次，淡水鱼和深海鱼类都是不错的选择。

豆腐配鱼更补钙

鱼肉中含有豆腐蛋白质中所缺乏甲硫氨酸和赖氨酸，鱼肉中含量较少的苯丙氨酸又以豆腐中含量为多，因此，豆腐与鱼搭配吃可以相互取长补短。

同时，豆腐中蕴藏有大量准妈妈孕期极为需要的钙，而鱼肉又富含可以促进钙质吸收的维生素 D，使钙的吸收率提高 20 多倍，二者合吃可谓相得益彰。

此外，豆腐煮鱼别有风味，不荤不腻，可以改善孕期准妈妈的胃口，促进食欲。

鱼里放醋更健康

鱼鳞与鱼皮上有一种称为嗜盐菌的细菌，尽管烹调前要对其进行清洗，但未必能全部清洗掉，而嗜盐菌怕醋，只要放一点醋就能将其杀死。

油炸前，在鱼块中加几滴醋腌 3 ~ 5 分钟，炸出来的鱼块味道十分香浓。同时，炖鱼时加醋可使蛋白质易于凝固，并软化骨刺，其中所含的钙、磷等矿物元素也更易被人体所吸收。

烹调鱼时也可以放适量大蒜，与醋一起发挥杀菌作用，这样吃起来更加安全。

🍲 孕期吃补品补药需遵医嘱

有的准妈妈孕期吃不下太多东西，担心自己营养不足影响胎宝宝的正常发育，因而萌生吃补品补药的想法，在这里要提醒准妈妈，补品补药不可自行服用。

身体健康的准妈妈无须担心营养缺乏

对于身体健康，营养基本不缺乏的准妈妈来说，只要孕吐不是太厉害，身体营养的储备足以满足胎宝宝的营养需求，尤其是在孕期前三个月，胎宝宝还比较小，所需的营养并不多，准妈妈此时无须刻意多吃，和孕前差不多或者比孕前吃得少一些都是正常的，如果不顾实际情况进行滥补，反而会影响正常饮食的摄取和吸收，甚至会引起内分泌失调。

补品补药可能干扰怀孕

现在补品补药良莠不齐，而且很多都并不适合准妈妈食用，如果准妈妈服用了某些含激素较多的补品补药，就会干扰胎宝宝的正常发育进程；而人参、鹿茸、桂圆等甘温补品，准妈妈使用后极易出现轻度不安、烦躁失眠、咽喉干痛等症状，严重者还会导致流产。

因此，准妈妈万不可滥用补品、补药，如果要用，一定先咨询医生，听从医嘱。

🍲 养成健康的饮水习惯

准妈妈要养成健康的饮水习惯，清晨起床后喝一杯新鲜的温开水是一个好习惯，早晨空腹饮水能很快被胃肠道吸收进入血液，使血液稀释，血管扩张，从而加快血液循环，为细胞补充在夜间丢失的水分。

早饭前 30 分钟喝 200 毫升 25℃ ～ 30℃ 的新鲜温开水，可以温润胃肠，使消化液得到足够的分泌，以促进食欲，刺激肠蠕动，有利定时排便，防止痔疮便秘。日间活动或工作过程中，每隔 2 小时左右喝一次水，不要喝太多，每次 200 毫升左右即可，否则会使胃液中断，导致胃肠吸收能力减退，还会增加肾脏负担，使尿频现象加重。晚饭后 2 小时喝点水，睡觉前不要再喝了，以免夜间上厕所影响睡眠。

营养师推荐的完美菜单

柠檬饼干——抑制孕吐

原料：低筋面粉100克，黄油65克，糖粉50克，鲜柠檬1个，盐1克。

做法：1. 鲜柠檬挤汁15毫升备用；柠檬皮刮掉内侧白色部分，切成碎屑；黄油室温软化，加入糖粉、盐搅拌均匀，不要打发。2. 倒入柠檬汁继续轻轻搅拌，使柠檬汁和黄油完全融合，不要打发。筛入低筋面粉，加一小勺柠檬皮屑，用橡皮刮刀拌成均匀的面团。3. 面团搓成圆柱形或其他自己喜欢的形状，包上保鲜膜，放冰箱冷冻2小时。4. 取出面团切成薄片，摆在铺好吸油纸的烤盘上。烤箱预热至180℃，中层上下火烤15分钟。

健康提示：柠檬的维生素C含量非常丰富，同时还含有枸橼酸等防止黑色素沉着成分，具有良好的抗氧化、抗斑作用。柠檬所含的芳香剂有抑制孕吐的功效，突然恶心时可闻嗅，起到舒缓作用，还可放缓呕吐的时间。而且很多孕早期妈妈会想吃点酸的，可以把柠檬当作调味料用在料理中。

清炒山药——安胎

原料：山药400克，葱、枸杞少许，植物油、盐、鸡精各适量。

做法：1. 将山药去皮，切成0.5厘米厚的菱形片，用开水汆烫后捞出来沥干水分。2. 葱只取嫩叶，洗净，切成葱花；枸杞用清水泡软备用。3. 锅内加入植物油烧热，放入山药片，中火炒熟后，加入盐、鸡精、葱花、枸杞，翻炒均匀后即可。

健康提示：这道菜具有安胎的作用，对预防先兆性流产很有帮助。还有利于改善准妈妈的情绪和胃口。

酸辣鸡血汤——开胃、预防贫血

原料： 鸡血 400 克，水发香菇 50 克，竹笋 25 克，花生油 500 毫升（实耗 50 毫升），精盐 3 克，胡椒粉 2 克，黄酒、生抽、米醋各 10 毫升，蒜泥 5 克，麻油 5 毫升，鲜汤 500 毫升。

做法： 1. 把鸡血洗净，切成 3 ~ 4 厘米长的细条，待用。2. 将香菇、竹笋洗净切成丝，待用。3. 将炒锅上炉，用旺火烧热，倒入花生油，烧至七成热，倒入鸡血，推拌一下后倒入漏勺沥油待用。4. 在炒锅中留余油少许，投入蒜泥煸出香味，再放入香菇丝、竹笋丝煸炒几下，然后放入鸡血，加入黄酒、生抽、精盐、鲜汤，用小火烧开后，加入米醋、麻油，撒上胡椒粉即可。

健康提示： 鸡血含铁量较高，而且以血红素铁的形式存在，容易被人体吸收利用。孕妇、哺乳期妇女多吃些有动物血的菜肴，可以防治缺铁性贫血。同时，由于动物血中含有微量元素钴，故对其他贫血病如恶性贫血也有一定的防治作用。

海带牡蛎汤——含多种矿物质

原料： 牡蛎肉 100 克，海带丝 30 克，姜少许，植物油、料酒、盐、肉汤各适量。

做法： 1. 将牡蛎肉洗净，用热水浸泡，发胀后去杂洗净，切成丝或小块，放入碗中；浸泡牡蛎的水澄清后滤至碗中，一并上笼蒸 1 小时。2. 锅置火上，放植物油烧热，放入姜片煸出香味，烹入料酒，加入肉汤、盐，放入牡蛎和海带丝，煮一会儿即可。

健康提示： 牡蛎所含蛋白质、DHA 以及锌、钙、硒等矿物质，对胎儿智力发育非常有益。

核桃果味发糕——滋补、开胃

原料：面粉 100 克，发酵粉 3 克，玉米粉 15 克，核桃碎少许，油少许，桃汁适量，白砂糖适量。

做法：1. 将面粉、发酵粉、玉米粉与适量的桃汁、白砂糖混合，搅拌成面糊。**2.** 在模具的内侧和底部薄薄涂一层油，把面糊倒入至模具的八分满，撒入核桃碎，用刮刀拌匀并刮平表面。**3.** 烤箱预热至 200℃，把模具放入烤箱，上下火烤制 20 分钟即可。

健康提示：核桃含有丰富的营养素，人体必需的钙、磷、铁等多种矿物质，以及胡萝卜素、核黄素等多种维生素，对人体有益。

双椒豆干牛里脊——滋养脾胃

原料：牛里脊肉 250 克，青菜椒、红菜椒各 1 个，豆干 50 克，鸡蛋半个，葱 1 根，酱油、料酒、水淀粉、鸡精、植物油、香油各适量。

做法：1. 牛里脊肉洗净，去除筋膜，切成丝，加鸡蛋、酱油、水淀粉搅拌均匀。**2.** 豆干洗净，切丝。**3.** 青椒、红辣椒分别洗净，切成丝。**4.** 热锅倒入适量植物油把牛里脊肉和豆干入锅拌炒均匀，盛出沥干余油。**5.** 原锅留底油放入青椒丝、红辣椒丝、葱爆香，倒入牛里脊肉和豆干，加酱油、料酒、鸡精翻炒均匀，再淋上水淀粉勾芡，滴上香油即可。

健康提示：此菜有滋养脾胃、强健筋骨、化痰息风的功效，能提高身体免疫力。

山药玉米煲老鸭汤——滋补降燥

原料： 鸭肉500克，山药100克，鲜玉米1根，香葱段、姜块各适量，盐、鸡精、胡椒面各适量。

做法： 1. 山药去皮切块，鲜玉米剁断，鸭肉汆烫去血水。2. 煲锅置火上，加入适量清水，放入鸭肉和姜块，大火煮沸后改小火煲40分钟，放入玉米和山药一同煮熟。3. 加盐、鸡精、胡椒面调味，撒上香葱段即可。

健康提示： 鸭肉性偏凉，适合在干燥的秋季作为进补之物。

醋熘鸡——含丰富蛋白质

原料： 鸡脯肉300克，冬笋75克，鸡蛋清15克，泡辣椒2个（可不加），姜、蒜各10克，淀粉20克，白糖20克，清汤25毫升，猪化油50克，盐、料酒、酱油、醋各适量。

做法： 1. 将鸡脯肉用刀背拍松，在无皮一面剞十字花刀，刀口深约为肉厚度的1/3，再切菱形块，装碗加料酒、蛋清、盐、5克淀粉抓匀。2. 冬笋切梳子背形，略小于鸡肉块。3. 泡辣椒去蒂、子，剁细。4. 将姜、蒜切细粒与酱油、醋、白糖、水淀粉、清汤兑成味汁。5. 将炒锅置火上，下猪化油烧热，下鸡块，用竹筷迅速将

鸡块拨散，下冬笋、泡辣椒同炒，倾入味汁颠转和匀，起锅盛于盘内即成。

健康提示： 冬笋是一种富有营养价值并具有医药功能的美味食品，质嫩味鲜，清脆爽口，含有丰富的蛋白质和多种氨基酸。

炝炒紫甘蓝——富含维生素和矿物质

原料： 紫甘蓝 300 克，海米 30 克，葱、姜各少许，植物油、盐、鸡精各适量。

做法： 1. 将紫甘蓝择洗干净，撕成小片，投入沸水中汆烫 2 分钟，捞出来沥干水。2. 将海米用温水泡发，洗净备用。葱、姜洗净，切成末备用。3. 锅内加入植物油烧热，放入葱姜末，炒出香味，再依次加入甘蓝、海米，大火快炒几下后加入盐、鸡精炒匀，即可。

健康提示： 紫甘蓝中含有丰富的维生素和矿物质，对胎宝宝的皮肤、胃肠道和肺部发育有着很好的促进作用。

多味蔬菜丝——增食欲、促消化

原料： 卷心菜 250 克，水发海带、胡萝卜、芹菜各 50 克，尖椒 25 克，料酒、醋、盐各 1 小匙，鸡精、白糖各少许，香油适量。

做法： 1. 将芹菜、胡萝卜、海带、卷心菜、尖椒分别洗净，切成细丝。2. 将锅置于火上，加适量水烧开，将芹菜丝、胡萝卜丝、海带丝、卷心菜丝分别放入水中汆烫熟，捞出来沥干水，放入一个比较大的盆中。3. 加入切好的尖椒丝，调入盐、鸡精、料酒、白糖、香油，拌匀即可。

健康提示： 这道菜富含叶酸、维生素和各种矿物质，还能增进食欲、促进消化，有效地缓解妊娠反应带来的不适。

胡萝卜软饼——增进食欲

原料： 面粉100克，胡萝卜50克，鸡蛋2个（约120克），盐、植物油少许。

做法： 1. 胡萝卜洗净，擦成丝；鸡蛋打散。2. 在面粉中加入适量清水、盐、胡萝卜丝和蛋液搅成稀糊状。3. 平底锅中加少量植物油，舀入一勺面糊，将面糊摊成软饼，两面煎熟即成。

健康提示： 低油低盐，既美味又健康。

大鹅炖酸菜——开胃口，助消化

原料： 鹅肉400克，酸菜100克，香菜25克，蒜、辣椒各适量，精盐、鸡精、花椒、大料、高汤、花生油、酱油各适量。

做法： 1. 将酸菜洗净，切丝；香菜洗净，切段；蒜切片。2. 将鹅肉洗净切块，放入沸水中焯一下捞出，待用。3. 起油锅烧热，倒入鹅块，加入辣椒、花椒、大料、精盐、鸡精、酱油翻炒至鹅肉熟透。4. 另起油锅，油热后放入蒜片煸出香味，倒入酸菜丝，加入盐、酱油、鸡精翻炒，倒入鹅肉，再加入少许精盐，高汤炖10分钟出锅，撒上香菜即可。

健康提示： 此菜可开胃口，助消化，保护心血管。辣椒可提味，准妈妈视情况适量添加。酸菜是腌制品，常食、多食对准妈妈和胎儿不利，须注意。

枸杞蒸鸡——补益气血、滋养精气

原料: 净母鸡1只（1000克左右），枸杞15克，葱20克，姜10克，料酒2大匙，盐1小匙，高汤适量，胡椒粉少许。

做法: 1. 将母鸡洗净，放入沸水锅中汆烫透，捞出过一遍凉水，沥干水备用。葱、姜洗净，葱切段，姜切片备用。枸杞洗净备用。 2. 将枸杞装入鸡腹中，腹部朝上放入碗中，加入葱段、姜片、料酒、高汤、胡椒粉，上笼大火蒸2小时左右。 3. 拣去姜片，葱段，加盐调味即可。

健康提示: 鸡肉和枸杞都有补益气血、滋养精气的作用，两者搭配，对肾阴虚引起的神疲乏力有很好的治疗作用。

黄豆炖排骨——预防疏松

原料: 排骨250克，黄豆100克，生姜、盐各适量。

做法: 1. 黄豆提前用水泡6~8小时；排骨洗净，切断，置水中烧开，去除血污。 2. 锅里放入适量的冷水，放入排骨和生姜，水开后再撇掉浮末。 3. 加黄豆，大火煮开后，转中火煲3小时，加盐调味即可。

健康提示: 排骨含天然钙质、骨胶原等，黄豆含黄酮苷、钙、铁、磷等，能促进骨骼生长和补充骨中所需的营养。此汤有较好的预防骨骼老化、骨质疏松的作用。

花生鱼头汤——健脑益智

原料： 鲢鱼头1只（300克左右），生花生米100克，干腐竹10克，姜2片，植物油、盐适量。

做法： 1. 将鱼头洗净，剁成两半；将花生米洗净，用清水浸泡半小时左右。2. 将腐竹用热水泡发，洗净，切成1寸来长的小段。3. 锅内加入植物油烧热，将鱼头放入锅中略煎，加入清水，放入腐竹、生花生米、姜片，先用大火烧开，再用小火炖1小时左右，加入盐调味即可。

健康提示： 鱼头是高蛋白、低脂肪和高维生素的食品，可以健脑益智，对宝宝的大脑发育有很好的促进作用。

冬菇菱角——开胃口

原料： 香菇（鲜）100克，菱角1000克，姜、大葱各10克，香油50毫升，盐、白砂糖、味精、花椒适量。

做法： 1. 将菱角用刀剥去外壳，削去紫色膜皮，下入开水锅氽熟，用冷水泡上。2. 将香菇切去蒂，大的改块洗净；葱和姜均拍破。3. 将香油烧沸，下入花椒炸一下，捞出花椒不要。4. 下入葱、姜煸炒后，下入菱角和上列调料稍焖一下。5. 待收干汁后凉凉，挑去葱、姜装盘，淋香油即可。

健康提示： 成菜香嫩，爽口，味鲜，改善孕吐妈妈的胃口。

第 5 章

孕 4 月（13~16 周），
该全面拓宽营养了

快乐迎来准妈妈身体变化和胎宝宝发育

🍲 小人儿模样初长成

胎儿 13 周

这一周，胎宝宝头臀长度已经有 70~76 毫米，体重约为 20 克。他的眼睛突出在头的额部，两眼之间的距离在缩小，耳朵也已就位。外形看上去更协调，像一个漂亮娃娃了。20 颗乳牙胚已经形成并悄悄地待在了牙床下；具有唯一性的指纹也在胎儿幼嫩的指尖落户；而覆盖胎儿全身的细软的胎毛，让胎儿看起来可爱至极。

胎儿 14 周

胎宝宝的脸看上去更像成人了。胎儿可以双手握紧、眯着眼睛斜视、皱眉头、吸吮自己的大拇指等，这些动作可以帮助胎儿更好地发育大脑。胎儿已经可以正式地排尿到羊水里（这对准妈妈和宝宝都是无害的），并在水里练习用肺呼吸等。

胎儿 15 周

从这一周开始，胎宝宝的身高和体重将会发生巨大的变化。耳朵几乎"移"到了正确的位置；细小的眉毛开始长出来；头发也在头顶显出萌芽状态。胎儿的腿长开始超过胳膊了，手上的指甲完全形成，指部的关节也开始运动了。但胎儿的皮肤还非常薄，可以一眼看得见血管。

还有一个特别有意思的变化就是：胎儿开始打嗝了，这是呼吸的前兆。一般情况下，通过 B 超，已经可以分辨出宝宝的性别了。

胎儿 16 周

胎儿身长大约有 12 厘米，体重约 150 克，正好是可以放在准妈妈的手掌里的大小。虽然头部以及四肢的比例看起来越来越协调了，但整体的外形却仍然像一只可爱的梨。他开始调皮了，会开始抓起脐带来玩。

进入感觉美妙的阶段

这个月进入孕中期了，妊娠反应渐渐减弱，甚至消失，身体基本适应了怀孕所带来的变化，准妈妈的精神好了很多，怀孕让此时的准妈妈感觉异常美妙。

孕 13 周的准妈妈

这一周的准妈妈的子宫在继续增大，不管有没有发现，事实上准妈妈的腰身都变粗了。

准妈妈的胃口可能变好了，乳房还在继续增大，此时的乳房已经开始制造初乳了。有的准妈妈还可以从乳头中挤出少量乳汁来。

孕 14 周的准妈妈

这一周的准妈妈腹部的隆起更加明显，这使许多准妈妈充分地体验到了做孕妇的感觉。由于体内激素水平的改变，准妈妈的阴道分泌物明显增多，偶尔还会出现皮肤有瘙痒的症状，但是不会出现肿块或损害。

孕 15 周的准妈妈

准妈妈胃口仍然在好转，体重会小幅度增加，这个月体重可能增加2.5～4千克。如果轻轻抚摸肚皮，准妈妈可以在肚脐下方大约10厘米处感觉到自己的子宫。

孕 16 周的准妈妈

这时候的准妈妈腹部更加突出。而且由于子宫增大，骨盆前倾，身体的重心前移，背部肌肉的负担加重，准妈妈可能会经常感到腹部牵拉痛或者腰背痛。

从这周开始，头晕、疲劳、鼻塞、牙龈出血、便秘、胃灼热、消化不良、胃肠胀气、手脚浮肿等症状可能陆续光顾。

健康营养摄取，孕育健康宝宝

满足渐好的胃口

过了早孕期，许多准妈妈胃口大开，变得"爱吃"起来，甚至食量猛增，总是感觉到很饿，那么不要错过这样的好胃口，适当多吃一些，千万不要因为怕长胖而不敢多吃，三餐两点心外如果饿了，想吃就让自己吃一点，没必要压抑自己的食欲。

胃口变好的这一阶段，是准妈妈补充营养素的最佳时期，所以也别因为饿了而随便乱吃，要保证食品的营养质量，提高各种营养素的摄入量，食物最好还是以少量、清淡、易消化的为主，不要让自己因为进食而变得难受。

如果准妈妈总是容易感到很饿，可以随身带一些食物，饿的时候拿出来吃，一个苹果，几颗坚果，几片饼干都是不错的选择，但注意别一下子吃太多，尤其是接近正餐的时候，以免零食吃得太多而导致正餐吃不下。

虽然已经过了孕早期，但仍然有不少准妈妈在孕四月感到食欲并没有好转，或者是时好时坏，只要能吃得下东西，没有发生剧烈呕吐情况，准妈妈就不用太担心，等身体完全适应激素变化后，食欲就会逐渐恢复的。

健康提示 无论孕期什么阶段，准妈妈都千万不能暴饮暴食，少食多餐对整个孕期都是适用的方法，如果一次吃太多，不仅会损伤脾胃的功能，影响准妈妈的健康，也不利于胎宝宝的成长。

注意预防缺铁性贫血

孕中期，准妈妈血容量迅速增加，如果此时铁摄入不足，很容易导致缺铁性贫血。为了提供胎宝宝生长过程中所需铁及胎盘中的血液循环，补偿分娩失血及产后哺乳需要，从孕4月开始，准妈妈就应注意补铁。

缺铁性贫血的自查

在平时，准妈妈要多留意自己的身体，如果发现有贫血症状，就要注意补铁了。

注意观察自身症状	缺铁性贫血的准妈妈通常会有这一类症状：面色萎黄或苍白，倦怠乏力，食欲减退，恶心嗳气，腹胀腹泻，吞咽困难，头晕耳鸣，甚则晕厥，稍活动即感气急，心悸不适
留意自身特殊表现	缺铁的特殊表现有：口角炎、舌乳突萎缩、舌炎，严重的缺铁可有匙状指甲（反甲），食欲减退、恶心及便秘

适当多吃富铁食物

瘦肉、家禽、动物肝及血、蛋类等都是富铁食物；豆制品含铁量较多，肠道吸收率也较高；主食多吃面食，面食较大米含铁多，肠道吸收也比大米好；还可常吃些黑木耳、海带、紫菜、莲子、虾米等含铁丰富的食物。

如何提升铁质的利用率

1. 多补充维生素C。维生素C可以帮助铁质的吸收，也能帮助制造血红素，最好的选择是水果和蔬菜，水果和蔬菜不但维生素C丰富，而且很多种类本身含铁量也很丰富，可以同步补铁。

2. 多吃高蛋白食物，血红蛋白的生成不仅需要铁，也需要蛋白质。补充足量的蛋白质能提高补铁的效果，肉类、鱼类、禽蛋等都是很好的高蛋白来源。

3. 多吃含钙高的食物，如虾皮、鸡蛋、豆制品、紫菜等。钙有助于提高铁的吸收率，但是要注意，准妈妈最好错开补钙和补铁的时间。

4. 粗粮不宜与富铁食物搭配，因为人体摄入过多膳食纤维，会影响对微量元素的吸收。两者最好间隔40分钟左右食用。

缺铁严重时要考虑服用补铁剂

如果已经出现缺铁性贫血，准妈妈就要积极补铁，铁的来源分为食物和药物，食补是很重要的一个方面，但是如果缺铁严重的话，仅仅靠食谱是很难满足孕期需求量的，这个时候，准妈妈们不妨采取服用药剂的补铁方法，这也是必要的。

一般情况下，医生会给准妈妈开硫酸亚铁、碳酸亚铁、富马酸亚铁、葡萄糖酸亚铁等补铁剂，这些铁剂属二价铁，容易被人体吸收。

补铁需要在医生的指导下进行，剂量也要遵照医嘱，如果缺铁非常严重的话，还可能需要多次少量输血，将血红蛋白纠正到 90 克 / 升以上。

在准妈妈还未发生缺铁性贫血的时候，世界卫生组织推荐准妈妈按每千克体重 1 毫克，每周服 1 次的剂量来补充铁剂，直至产后哺乳后停止；如果已患缺铁性贫血，则可多增加一倍的量，每周 1 次，连服 12 周后再改为预防量。

服用铁剂的注意事项

服用铁剂不同于食补，除了要在医生的指导下进行外，服用时还要注意以下几点：

1. 铁剂需饭后服用。铁剂对胃肠道有刺激作用，常引起恶心、呕吐、腹痛等，准妈妈在饭后服用可缓解这些症状。如果反应严重，最好停服数天，再由小量开始，直至所需剂量。若仍不能耐受，可在医生的指导下改用注射剂。

2. 与维生素 C 一起补。维生素 C 可以促进铁的吸收，准妈妈在服铁剂时，可补充适当的维生素 C，或吃些富含维生素的蔬菜水果。

3. 补铁时不宜喝茶。准妈妈喝些淡茶是可以的，但茶叶含有鞣酸，鞣酸会与铁结合生成不容易被人体吸收的物质，所以准妈妈要注意在补铁的时候要少喝茶，如果喝茶最好在补铁完以后 2 小时再喝，只能喝一点淡茶，不能喝浓茶。

健康提示 铁剂易与肠内的硫化氢结合成硫化铁，使肠蠕动减弱，引起便秘，并会致使患者排出黑色粪便，这些都是正常的，准妈妈不必紧张。

全面增加营养

从孕 4 月开始，准妈妈已经进入了孕中期，胎儿生长发育的速度加快了。同时，大部分准妈妈到这个孕月都会逐渐停止了早孕反应，身心倍觉轻松，这个时期可以全面增加营养，着重调理身体。

多吃补血食品，补充优质蛋白质

孕中期开始是缺铁性贫血好发期，严重影响母子的健康，因此必须多吃含铁食物，如动物血、精肉、肝、蛋、深色蔬菜、水果及维生素 C。动物性食物中所含的优质蛋白质是胎儿生长和准妈妈组织增长的物质基础，补充物质可选肉、鱼、蛋、奶、大豆及豆制品。

增加主食摄取，注重热量补充

本月起，准妈妈机体代谢增加，糖分利用增加，所需热量也比孕早期要明显增多。主食可选用米、面搭配些杂粮，如小米、玉米、燕麦片等，每日摄入量应在 400 ～ 500 克，而副食可选鱼、肉、蛋、奶、豆制品、核桃等。

合理营养，切勿偏挑食

孕期由于准妈妈要负担两个人的营养需要，所需营养量必然远远大于平常，要想营养均衡，就要做到荤素搭配、合理摄取、不偏食、不挑食。

每日食材品种	推荐搭配用量
主食（大米、面）	400 ～ 500 克
杂粮（小米、玉米、豆类等）	50 克左右
蛋类	50 克
奶类	220 ～ 250 毫升
肉类	50 ～ 100 克
蔬菜	400 ～ 500 克 (绿叶菜占 2/3)
水果	100 ～ 200 克
植物油	25 ～ 40 克

🍲 通过饮食预防妊娠纹

妊娠纹一般在初产妇怀孕五六个月后开始出现，尤其是孕前比较瘦，而怀孕后体重大比例增长的准妈妈，是由于怀孕后身形变化导致真皮部位的弹性纤维和胶原纤维牵拉断裂造成的，对于妊娠纹一定要做好预防工作，如果已经出现妊娠纹，也可以设法减淡。

适当增加蛋白质摄入

防治妊娠纹，饮食上主要是在平衡营养的同时，增加蛋白质，因为胶原纤维和弹力纤维属于蛋白类，增加蛋白会有利于弹性纤维的修复，尤其是像猪蹄、蹄筋、肉皮这样富含胶原蛋白的食物，鸡皮、鱼翅、鱼头等食物富含硫酸软骨素，硫酸软骨素是弹性纤维中最重要的物质，多吃这些食物有利于去除皱纹、增加皮肤弹性。

吃富含维生素的食物

维生素 E 可以有效地阻止皮下脂肪氧化，防止皮肤老化、干燥，果蔬、坚果、瘦肉、乳类、蛋类、植物油等都可以补充维生素 E。

胡萝卜素含量丰富的食物，比如胡萝卜、红薯、南瓜、柿子、木瓜、玉米等，有助于维持皮肤细胞组织的正常机能、减少皮肤皱纹，保持皮肤润泽细嫩。

维生素 C 及维生素 A 含量高的食物，也可以辅助起到维护皮肤细胞和抗皱的作用，西红柿、西蓝花、猕猴桃等蔬果富含维生素 C，动物肝脏、深绿色、深黄色蔬菜及水果比如胡萝卜、栗子等含维生素 A 较丰富。

远离甜食与油炸品

甜食及油炸食品易让肌肤缺乏弹性，在怀孕期间要避免摄取过多的甜食及油炸物，改善皮肤的肤质。

饮食均衡，控制体重

孕期调整饮食习惯，摄取均衡的营养，避免暴饮暴食，将体重控制在一定范围内，可有效避免由于体重过快增长而出现的妊娠纹，孕前瘦弱的准妈妈，整个孕期体重增长在 15 千克以内，孕前超重或者稍胖的准妈妈，体重增长控制在 7～10 千克为好，而且体重应该比较均衡地增长。

🍲 体重增速慢要紧吗

在过去的头三个月里，准妈妈的体重不会增加很多，不少准妈妈因为早孕反应，体重反而有所下降，进入到孕中期后，体重会慢慢增长，但不会一下子增加许多，是一个平缓的增长过程。

有的准妈妈担心自己体重增速太慢，这要结合自己的身体情况来看，如果准妈妈孕前体重不是太瘦，而现在又身体健康，产检结果正常，体重增加得慢一点、少一点，并不需要过于担心。

即使因为之前早孕反应导致准妈妈在短时期内营养摄入不均衡，也可以在身心舒适之后，通过饮食调整补回来。况且，到孕早期末，胎宝宝大约只有 20 克重，所需要的营养并不多，只要准妈妈顺利过渡，慢慢恢复食欲，不久都可以满足需求。

准妈妈需要自备一台体重计，往后每周测一次体重，怀孕中期，每周体重增加不宜超过 500 克。孕期体重增长建议:

孕期体重	孕早期	孕中期	孕晚期
胎儿生长发育期	缓慢期	16～27 周为加速期	28～36 周为最大加速期，每周增长 200 克，37 周以后为减缓期，每周增长 70 克
准妈妈体重变化	1～1.5 千克，占全孕期增重的 8%～20%	每周 0.25～0.35 千克	每周 0.5 千克

营养师推荐的完美菜单

凉拌豆腐干——降低胆固醇

原料：芹菜 100 克，豆腐干 100 克，新鲜核桃仁 30 克，红椒 10 克，香菜少许，香油 1 小匙，盐半小匙，鸡精少许，米醋适量。

做法：1. 将核桃仁用温水泡 10 分钟左右，剥去核桃衣，放入沸水中烫一下，捞出来沥干水，切成小丁。2. 将芹菜摘去叶和老梗，洗干净，切成 3 厘米左右的段；豆腐干切成 0.5 厘米左右粗细的条备用；红椒洗净切丁；香菜洗净切成段备用。3. 将切好的豆腐干和芹菜一起放入沸水中汆烫 3 分钟左右，捞出来沥干水，加入其他配料拌匀即可。

健康提示：核桃可防止细胞老化，能健脑、增强记忆力及延缓衰老，减少肠道对胆固醇的吸收。

黄花蛋——补充蛋白质

原料：鸡蛋 2 个，干黄花菜 50 克，葱少许，料酒、盐、白糖、高汤、植物油各适量。

做法：1. 将鸡蛋磕入碗中打散，加盐、料酒调匀；将干黄花菜用温水泡发，洗净，捞出来沥干水，切成小段；葱洗净，切成葱花。2. 锅内加入植物油烧热，倒入蛋液炒出蛋花。3. 另起锅放植物油烧热，放入黄花菜翻炒几下，加入高汤，小火焖熟后加入鸡蛋、盐、白糖，翻炒均匀即可。

健康提示：这道菜对心慌、头晕、小便不利、下肢水肿等孕期不适有很好的调理作用，同时还能够为准妈妈补充所需的蛋白质。

清汤牛肉——滋养脾胃

原料： 牛腱子肉、牛腿骨各 500 克，芹菜 25 克，胡萝卜、葱头各 1 个，炒熟芝麻、生姜各 10 克，清水 2500 毫升，酱油 50 克，盐、味精、植物油各适量。

做法： 1. 将牛肉洗净，切成 6 厘米长、2 厘米宽的条；牛腿骨用砍刀砸断，洗净；芹菜去根，洗净；葱头、胡萝卜去皮，洗净，切成两半。2. 炒锅内加植物油烧热，将葱头与胡萝卜用小火炒成黄色。3. 在汤锅内加 2500 毫升清水，放牛肉和牛骨，在旺火上煮开，撇去血沫，再稍煮片刻，放葱头、胡萝卜、芹菜，改微火焖煮。4. 焖上大约 3 个小时后，用筷子戳一下牛肉（能戳进去，说明牛肉熟透；戳不进，则还要再煮）。然后将熟牛肉取出，汤用细布过滤，清除杂质。5. 把汤锅洗净，放牛肉汤、牛肉条、生姜末烧开，再放酱油、盐、味精调好口味，撒上芝麻出锅即可。

健康提示： 这道汤味道醇厚，鲜香爽辣，营养美味，有滋补养身的食疗功效。

麻油萝卜丝——健胃菜

原料： 白萝卜 150 克，青尖椒 50 克，红甜椒 50 克，干辣椒 3 个，白糖、白醋各 1 小匙，植物油、盐、鸡精各适量。

做法： 1. 将白萝卜洗净，用刨子刨成细丝，加入白糖、盐拌匀备用。2. 将青尖椒、红甜椒分别洗净，切成细丝。干辣椒洗净切成丝。3. 锅内加入植物油烧热，放入干辣椒丝炸出香味后，趁热淋入萝卜丝内，加入青、红椒丝，淋上白醋，拌匀即可。

健康提示： 这是一道风味独到的健胃菜，非常适合食欲不振的准妈妈食用。

橙香萝卜丝——补充蛋白质

原料： 胡萝卜3根，橙子2个，洋葱末、香菜末糖各适量。

做法： 1.胡萝卜洗净切丝备用；橙子洗净后一个榨汁备用；另一个取橙肉和表皮之间一层皮肉切成细丝。2.将锅置于火上，倒入橙汁煮沸，加入糖，再放入一半胡萝卜丝，煮沸后，捞出胡萝卜丝控干。3.把生熟胡萝卜丝与橙皮肉拌匀，再加入洋葱末和葱末搅拌一下即可。

健康提示： 胡萝卜和橙子搭配食用，对胎宝宝的成长发育有很好的促进作用，有助于预防孕期便秘。

松子虾仁——增加食欲

原料： 虾仁适量，松子仁、豌豆、枸杞、鸡蛋、葱末、姜末各适量，植物油、盐、料酒、胡椒粉、鸡精、淀粉各适量。

做法： 1.把虾仁放入器皿中，用毛巾吸干水分，放入鸡蛋、料酒、盐、鸡精、淀粉搅拌均匀，给虾仁上浆。2.把锅置火上，倒入植物油烧热，放入虾仁，先用小火滑熟盛出，然后再改用旺火。3.放入豌豆稍滑一下倒出控干油，锅中留底油，放入葱姜末煸香。4.倒入少许水，加盐、鸡精、胡椒粉调味，水淀粉勾芡，放入虾仁、豌豆、枸杞、松子仁旺火翻炒出锅即成。

健康提示： 虾仁甜嫩而且清脆爽口。这道菜虾仁晶白，松子喷香，诱人食欲。

鱼肉馄饨——营养全面

原料： 黄鱼肉 200 克，韭黄末 200 克，红萝卜末 50 克，荸荠 2 个，香油、姜末、盐各少许，馄饨皮 50 克，高汤 1000 毫升。

做法： 1. 鱼肉去净刺后切成末；荸荠去皮洗净切末。2. 鱼肉末中加入韭黄末、红萝卜末、荸荠末、香油、姜末、盐混合拌匀成馅料。3. 取馄饨皮包入适量馅料，包成馄饨，将包好的所有馄饨放入高汤中煮熟即可。

健康提示： 黄鱼肉中富含的 B 族维生素、微量元素和低脂优质蛋白，对人体有很好的补益，还可安神开胃，预防贫血。

香菇冬笋鹅掌汤——温补脾胃

原料： 鹅掌 500 克，香菇 100 克，冬笋肉 50 克，大枣 2 枚，生姜 2 片，精盐适量。

做法： 1. 拣选新鲜鹅掌，放入开水中烫一下，取出放入冷水中，剥去黄皮，斩去趾脚甲骨，用清水洗干净，备用。2. 把香菇去蒂，用清水浸透，洗干净，备用。3. 把冬笋肉用清水洗干净，切片，备用。4. 把生姜和大枣分别用清水洗干净，生姜刮去姜皮，切 2 片；大枣去核，备用。5. 在瓦煲内加入适量清水，先用旺火煲至水滚，然后放入以上全部材料。6. 待水再滚起，改用中火继续煲至鹅掌软透，加入少许盐调味，即成。

健康提示： 这道汤品补益五脏、消食止渴，适合佐餐食用。对五脏虚损、脾胃功能低下等有辅助食疗的作用。

猪肝菠菜粥——含铁量高

原料：糯米 100 克，猪肝、菠菜各 50 克，盐、鸡精各 1 小匙。

做法：1. 猪肝洗净，切片，菠菜洗净，切小段，分别焯水备用。2. 将糯米淘洗干净，下入锅中，放适量水煮 30 分钟。3. 放入菠菜、猪肝和调味料搅匀，再开锅即可。

健康提示：猪肝、菠菜都是含铁量很高的食物，经常搭配在一起食用，可以防治孕期缺铁性贫血，还能补充叶酸及多种维生素。

五味酸辣汤——益气补血

原料：金针菇、香菇、竹笋、胡萝卜各 20 克，豆腐 100 克，鸡蛋 120 克，鸡肉 50 克，木耳 10 克，五味子 5 克，大葱 8 克，醋 10 克，香菜 5 克，盐、淀粉各 3 克，胡椒粉 2 克，植物油适量。

做法：1. 豆腐用水冲净，切成细条；鸡肉洗净，切成细丝；金针菇去蒂，洗净。2. 香菇去蒂洗净，大的切开；木耳用水浸发，洗净，撕成小片；竹笋去老壳，洗净，切成丝；胡萝卜洗净，切成细丝；鸡蛋加盐打散与少许淀粉拌匀。3. 锅中放植物油烧热，放入蛋液煎成蛋皮，凉凉，然后切成细丝。4. 五味子以纱布袋装好，用清水炖煮 30 分钟后，去渣。所有材料放入五味子药汤中同煮。5. 待煮开后，再放入调料，撒上胡椒粉、香菜即可食用。

健康提示：五味子味酸，性温；归肺、心、肾经；具有收敛固涩、益气生津、补肾宁心安神的功效。此汤用多种材料制作而成，具有止咳定喘、收敛肺气、滋补肾水、益气生津、通畅鼻口、补血活血通经络的功效。

银鱼蛋饼——补充蛋白质

原料： 新鲜小银鱼90克，鸡蛋2个，牛奶50毫升，面粉70克，小葱1根，植物油、盐、胡椒粉、番茄沙司各适量。

做法： 1. 鸡蛋充分打散，倒入牛奶搅打均匀，倒入面粉，彻底拌匀，放入切碎的小葱。2. 小银鱼洗净，沥水，倒入面糊中，调入盐和胡椒粉，搅匀。3. 不粘锅烧热，淋入植物油抹匀，倒入调好的面糊摊开。4. 改小火，盖上锅盖，煎至两面均匀上色呈金黄色，取出切件，搭配番茄沙司上桌即可。

健康提示： 银鱼蛋饼是一款家常口味的主食，其中的小银鱼富含优质蛋白质、钙等。

三鲜豆腐——富含蛋白质及钙、锌

原料： 豆腐、蘑菇各200克，胡萝卜、油菜各100克，海米10克，姜、葱各少许，酱油1小匙，植物油、高汤、鸡精、盐、水淀粉各适量。

做法： 1. 海米用温水泡发，投洗干净泥沙备用；豆腐洗净切片，投入沸水中氽烫一下捞出，沥干水备用；将蘑菇洗净，放到开水锅里氽烫一下，捞出来切片；胡萝卜洗净切片；油菜洗净，沥干水备用。葱切丝、姜切末备用。2. 将锅内加入植物油烧热，放入虾米、葱、姜、胡萝卜煸炒出香味，加入酱油、盐、蘑菇，翻炒几下，加入高汤。3. 放入豆腐，烧开，加油菜、鸡精，烧开后用淀粉勾芡即可。

健康提示： 这道菜富含蛋白质及钙、锌等营养素，可促进胎儿健康发育。

浓香鸭架汤——滋阴补虚

原料: 鸭架1个,鲜蘑100克,葱、姜各适量,牛肉清汤适量,料酒、胡椒粉、味精、芝麻、盐各适量。

做法: 1. 把鸭架切成2厘米见方的块;鲜蘑菇洗净,去根蒂,切成厚片;葱去皮,洗净,切成段;姜去皮,洗净,切成片,待用。2. 将鸭架块、蘑菇片一起放入瓷盆中,加料酒、盐、胡椒粉、味精搅拌均匀,腌渍入味,待用。3. 把牛肉清汤放入汤锅中,加入葱段、姜片,旺火烧开后,拣出葱段、姜片,将其汤倒入鸭架、蘑菇盆中,盖上盖子。4. 把鸭架、蘑菇盆放入笼屉上,旺火蒸2个小时后,取出。5. 食用时,撒上芝麻,即可。

健康提示: 鸭架汤以鸭骨架为主料,具滋阴补虚之效。常饮此汤,可收到强身保健之效果。

双菇糙米饭——温暖脾胃

原料: 糙米200克, 香菇4朵,蘑菇100克,生抽、料酒、精盐、植物油各适量。

做法: 1. 原料洗净,糙米浸泡4小时,香菇、蘑菇切片。2. 将糙米放入锅中,倒入适量清水,放入香菇片、蘑菇片,调入少许料酒、精盐、植物油、生抽,焖煮成饭。

健康提示: 营养丰富,温暖脾胃,补中益气。

土豆炖牛肉——补充蛋白质

原料： 牛肋条肉 500 克，土豆 250 克，香菜段、葱丝各 15 克，葱段、姜片各 10 克，桂皮 1 小块，料酒 25 毫升，盐、味精、胡椒粉适量，芝麻油 10 毫升。

做法： 1. 将牛肋条肉切成 4 厘米长、3 厘米宽、0.5 厘米厚的大片，放在冷水中浸泡 20 分钟，再连水倒入锅内烧沸，撇去泡沫，待牛肉片变色时，捞出沥水。2. 将牛肉片放在砂锅内，加上葱段、姜片、桂皮、料酒、盐和清水，用小火炖至牛肉熟烂，去掉葱姜和桂皮备用。3. 把土豆削去皮，洗净后切成滚刀块，放在碗里，滗入少许炖牛肉的汤汁，上屉蒸至土豆软烂，取出土豆。4. 将净锅置火上，放入牛肉、土豆及炖牛肉的汤汁烧沸，放入味精和胡椒粉，再沸后出锅倒在汤碗里，撒上葱丝和香菜段，淋上芝麻油即成。

健康提示： 牛肉富含蛋白质，氨基酸组成比猪肉更接近人体需要，能提高机体抗病能力。土豆含有大量淀粉以及蛋白质、B族维生素、维生土豆炖牛肉素 C 等，能促进脾胃的消化功能。

酸辣牛肉汤——开胃口

原料： 鲜嫩牛肉 150 克，粉丝 25 克，胡萝卜、香菜各 10 克，高汤 600 毫升，料酒、辣椒油、水淀粉、花生油、盐、香醋各适量。

做法： 1. 把牛肉洗净，切成丝，放入碗内，加入盐、料酒和水淀粉搅拌均匀。2. 把胡萝卜削去两头，洗净，切成细丝。3. 把粉丝用热水泡软，清洗干净。4. 把香菜择洗干净，切成末。5. 将炒锅置旺火上，放花生油烧热，下胡萝卜丝颠炒几下，加入高汤烧开，再加粉丝和盐烧开，再下肉丝、料酒、香醋、水淀粉，滴入辣椒油用小火烧开，放入味精，撒点香菜末点缀即可。

健康提示： 酸辣香鲜，醒脑开胃。

第6章

孕5月（17~20周），
享受母子同食的欢乐

快乐迎来准妈妈身体变化和宝宝发育

🍲 胎儿在感知外界

胎儿 17 周

这时的胎宝宝大概有 13 厘米长，体重约为 170 克。他已经慢慢成长到正常、标准的形态了，耳朵和眼睛已经长到正常的位置；嘴开始张合，眼睛会眨动；比较复杂的人体系统，如泌尿生殖系统和循环系统，开始具备初步的生理功能。最惊喜的是，宝宝的头部可以伸展开了，甚至可以在子宫中直立起来了。胎儿的听力形成，此时他就像一个小小"窃听者"，能听到准妈妈的心跳声、血流声、肠鸣音和说话的声音。

胎儿 18 周

这一周的胎宝宝身长约 14 厘米，体重约 200 克。胎儿已经有了轮廓分明的脖子；眼睛已经睁开，并且向前看，只是还不会向左右看。胎儿开始频繁地胎动了，做 B 超检查时，准妈妈可以在仪器的屏幕上看见胎儿的情形，也许他正在踢腿、屈体、伸腰、滚动、吸吮自己的拇指，玩得不亦乐乎呢。

胎儿 19 周

这一周，胎宝宝身高约 15 厘米，体重为 200~250 克左右。宝宝的身体发生了精细而快速的变化。在宝宝体内，基本构造已到最后完成阶段，肾脏已经能够制造尿液。宝宝的感觉器官却进入成长的关键时期，大脑开始划分专门的区域进行嗅觉、味觉、听觉、视觉及触觉的发育。

胎儿 20 周

这一周，胎宝宝的身高达到 15~16.5 厘米，体重约为 255 克。从孕 20 周开始，胎宝宝的视网膜就会逐渐形成，开始对光线有感应，能感觉到准妈妈腹壁外的亮光。味蕾也会在这一周开始形成。虽然胎宝宝的生长开始趋于平稳，运动能力却进一步增强，已经和分娩后的新生宝宝没什么两样了。

醉人的胎动来了

孕 17 周的准妈妈

由于子宫迅速增大、子宫韧带被拉伸、骨盆变化的缘故，准妈妈会感觉到腹部一侧有轻微的触痛。有的准妈妈会在此时感到心慌、气短；有的准妈妈则会出现便秘现象。有许多准妈妈在这一周会初次感觉到胎动，这种感觉很微妙，大致就好像很短促的蠕动感觉，突然咕噜一下，往往在不经意间出现。

孕 18 周的准妈妈

在这一周，准妈妈的子宫底会慢慢上升到在肚脐下面两横指的位置，感到胎动的概率更高了。体温也会比平时稍高（一般情况下，孕妇的腋下温度可达 36.8℃），准妈妈可能因此感觉头晕目眩、容易疲劳，在躺下或站起来的时候，准妈妈应该缓慢行事，以免诱发晕眩。

孕 19 周的准妈妈

从这一周开始，准妈妈的子宫底每周会升高 1 厘米左右，乳房继续变大，乳晕和乳头的颜色仍然在加深。水肿的情况可能正在出现或加重，有的准妈妈出现静脉曲张的情形，要注意适时运动，不宜久坐或久站。

孕 20 周的准妈妈

这一周准妈妈的子宫底已经升高到肚脐的位置，体重也大大增加了，大约比孕前增长了 4.5 千克。此时有的准妈妈会发现肚皮被胎宝宝撞击得凹凸鼓动，有趣的亲子互动日子已经来临，和准爸爸一起多进行胎教活动吧。

妈妈和宝宝的营养管理

🍚 补钙是孕中后期的重点

从怀孕第 5 个月起，胎宝宝各方面的发育都非常快速，尤其是胎宝宝的恒牙牙胚开始发育，再加上骨骼的发育也需要大量的钙，也为了预防缺钙引起的腰酸、腿痛、腿抽筋等孕期不适，进入孕中期后，准妈妈要多关注钙摄入。

不同妊娠阶段对钙质的需求如下：

阶段	需求量	补充方法
孕早期	孕早期是细胞分裂和器官初步发育形成期，准妈妈钙的需求量与普通成年人需求量相同，约为 800 毫克/天	从食物中即可摄取足够钙质，无须额外补充钙剂。每天可喝 250 毫升鲜牛奶或者酸奶，再加上其他食物中提供的钙质，一般能够满足机体的每天钙的需求
孕中期	孕中期是胎儿快速生长期，钙的摄入量也随之增加到 1000 毫克/天	准妈妈每天应喝 500 毫升牛奶或酸奶，对于不习惯喝奶的妈妈，也可每天补充 500 毫克左右的钙片，再吃一些虾皮、腐竹、黄豆以及绿叶蔬菜等钙含量丰富的食物
孕晚期	随着胎儿的持续长大，对钙需求量进一步增多，达到 1200 毫克/天	除了每日喝 500 毫升牛奶或酸奶外，还应补充 500 毫克钙片，再吃一些含钙丰富的食物，才能达到需要的钙量

及时发现缺钙问题

准妈妈如果出现以下这些症状，首先要考虑到是否缺钙了：

1. 牙齿松动。人体内的钙绝大部分存在于骨骼和牙齿中，如果缺钙，牙齿就容易发生松动，抗龋齿能力降低。

2. 小腿抽筋。一般在孕 5 个月时出现，往往发生在夜间。

3. 关节、骨盆疼痛。如果准妈妈钙摄入不足，为了保证胎宝宝的钙需求，骨骼中的钙会大量释放出来，从而引起关节、骨盆疼痛。

4. 腰部疼痛。孕 5 月胎宝宝对腰部的压迫还不是很严重，如果准妈妈在此时发生腰疼，很可能是缺钙了。

出现以上症状，准妈妈都要及时补钙，必要时，在食补之外还要开始服用钙片，轻微的症状一般连续服用 1 个星期以后就会好转。

有效的饮食补钙

通过饮食补钙是最健康的方式，适当多选择高钙食物是非常必要的。

食物类别	特点	食物举例
乳制品	钙质最好来源	奶酪、炼乳、牛奶、酸奶等
海产品	含钙、含硒丰富	虾皮、虾米、紫菜、海带、海蜇皮等
豆制品	高钙、高蛋白、低脂	百叶、豆腐干、蚕豆、豆腐、绿豆等
坚果	含钙、不饱和脂肪酸	榛子、西瓜子、南瓜子、核桃仁、开心果等

科学地选择补钙制剂

是否服用补钙制剂，应该根据准妈妈是否缺钙而定，如果准妈妈确实缺钙，通过饮食也无法满足钙摄入需求，那就应该配合医生指导服用补钙制剂。

目前市场上的钙补充剂种类繁多，有单剂也有复合剂，服用前最好先向医生咨询，配合做必要的检查，以确定哪类制剂更适合自己。

选购补钙制剂，首先要确认产品的安全性。合格的补钙制剂外包装会包含如下信息：厂家、厂址、生产日期、保质期、批号、批准文号等。如果信息不全，产品的安全性就可能存在问题。

目前市场上常见补钙剂有碳酸钙、氧化钙、葡萄糖酸钙、柠檬酸钙（枸橼酸钙）、乳酸钙、羟基磷酸钙以及各种氨基酸钙等。各类钙制剂的钙吸收率大致相同，因此选择补钙制剂，要重点看其中是否含有维生素 D，以及制剂中的钙元素含量。

怀孕每月怎么吃

🍲 别错过关键的补脑期

进入孕中期，也进入了胎宝宝大脑发育的高峰期，直到怀孕第 9 个月，在此期间，大脑发育逐渐趋于完善，大脑神经元树突形成，大脑的两个半球不断扩张，逐渐接近仍在发育的小脑，小脑两个半球也正在形成，胎宝宝的脑细胞迅速增殖，平均每分钟能生成约 10 万个神经细胞，这使得脑细胞的体积和神经纤维迅速增长，脑的重量不断增加。为了促进胎宝宝脑组织的发育，准妈妈这个时期应该注意从饮食中充分摄入补脑食品。

补脑的食物推荐

以下几种食物都是补脑、益智的佳品，推荐准妈妈在孕期适量食用：

核桃

核桃是众所周知的补脑佳品，可以生吃，也可以和芝麻、白糖一同炒着吃，还可以捣碎了，在熬粥或炒菜时加入少许，每天 3 ~ 5 个为宜。

花生

花生具有补血、健脑的作用。最好的吃法是用水煮，可以最大限度地保留它的营养成分及药用成分。

洋葱

洋葱可以改善大脑供血供氧状况，具有醒脑益智的功效。洋葱的吃法很多，可以作主菜也可以作配菜，可以炒也可以熬汤，但要注意不要做得太熟。

菠萝

菠萝含有丰富的维生素 C 和微量元素锰，可以提高胎宝宝的记忆力。菠萝可以生吃，也可以入菜，还可以将芯掏空，填入糯米，制成菠萝饭。

生吃菠萝时需先用盐水泡。把菠萝切成片或块放在盐水中浸泡 30 分钟，然后再洗去咸味，不但可消除让准妈妈过敏的物质，还会使菠萝味道更鲜美。

健康提示 牛奶、蜂蜜、红糖、豆类、蛋类、黄花菜、动物内脏、骨髓、海产品等也是很好的补脑食品，准妈妈可以根据自己的爱好选择性地食用，每天喝 250 毫升牛奶，吃 2 个鸡蛋，即可满足胎宝宝大脑发育对脂肪酸的需要。

滋养皮肤的营养素

不少准妈妈到孕中期后，会发现皮肤变黑，长妊娠斑，我们已经知道这与孕期激素分泌有关，除了孕激素分泌对皮肤会造成影响，皮肤可能还会因为缺乏足够的营养素而出现问题，建议准妈妈在日常饮食中坚持合理的饮食结构，适当补充滋养皮肤的营养素，减轻孕期可能出现的各类皮肤问题。

营养素	对皮肤的作用	缺乏对皮肤的影响
蛋白质	保持皮肤的弹性和水分	皮肤干燥，严重的会导致胶原纤维发生断裂，形成妊娠纹
脂肪	使皮肤富有弹性	皮肤松弛，失去弹性
维生素 A	保持头发和皮肤的健康，可改善角化过度，让皮肤保持细腻	皮肤会变得干燥、粗糙、有鳞屑
维生素 B_1	改善皮肤粗糙	容易出现脚气病
维生素 B_2	保持皮肤新陈代谢正常，使皮肤光洁柔滑，减退色素，消除斑点	可引起痤疮，甚至皮炎、口角溃疡、口唇炎等
维生素 B_6	使皮肤和头发更健康	可引起周围神经炎和皮炎
维生素 B_{12}	参与脂肪和糖的代谢，防止皮脂的过剩分泌	皮肤会变得苍白，毛发也变得稀黄，手、足部位色素沉着加重
维生素 C	减轻皮肤色素沉着，防止黑色素生成	皮肤干燥、松弛，肤色暗沉、暗黄，容易出现妊娠斑
维生素 E	能软化角质，延缓皮肤的衰老	皮肤发干、粗糙、过度老化等(如产生干纹)
铁和锌	使脸色红润，皮肤光滑有弹性	皮肤干燥、苍白，嘴角容易出现裂口

🍲 牛奶与酸奶交替着喝

奶类是天然钙质的极好来源，牛奶和酸奶是准妈妈常喝的两种奶类，它们也各自有各自的特点：

牛奶不仅是优质蛋白的来源，而且是含钙丰富的食品。每 100 毫升牛奶含钙量达 120 毫克，营养专家推荐准妈妈每天喝 250 ～ 500 毫升的牛奶，以满足孕期对钙的需求量的增加。牛奶还有不错的安神功效，准妈妈在睡前喝一杯，可以减少失眠的困扰。

酸奶是鲜奶经过乳酸菌发酵制成的，在营养价值上和鲜牛奶一样，而且相对而言，酸奶中的钙、磷等矿物质更容易被人体吸收。酸奶还含有益生菌群，对肠道非常有好处，准妈妈适当饮用可以加强胃肠消化吸收功能，缓解孕期便秘症状。

交替喝营养更好

在妊娠中后期，准妈妈每日需要的钙摄入量增加，在选择奶制品时，最好牛奶和酸奶交替喝，这样不仅可以有效满足身体对钙的需求量，还能起到安神、缓解便秘等两者所具有的功效。

由于酸奶的 pH 值较低，有的准妈妈喝酸奶可能会出现泛酸情况，这时应避免进食酸奶，有的准妈妈可能有乳糖不耐反应，喝了牛奶之后会发生腹泻，这时最好就用酸奶来代替牛奶。

🍲 每周宜吃 2 次海带

海带富含碘、钙、磷、硒等多种人体必需的微量元素，其中钙含量高于牛奶，含磷量比所有的蔬菜都高。海带还含有丰富的胡萝卜素、维生素 B_1 等维生素，是准妈妈孕期补钙、防治肥胖症、高血压、水肿的佳品。

海带有"含碘冠军"的美誉，是准妈妈最理想的补碘食物。碘还能促进神经系统的发育，让宝宝更聪明，如果准妈妈缺碘，体内甲状腺素合成将受影响，导致胎宝宝脑发育不良、智商低下。

准妈妈每周吃 2 次海带是不错的选择，最适合准妈妈的海带吃法是与肉骨或贝类等清煮做汤，清炒海带肉丝、海带虾仁，或与绿豆、大米熬粥，还有凉拌也是不错的选择。

🍲 双宝准妈妈这样吃

双胞胎准妈妈的幸福感比普通准妈妈要强烈，可是负担也比普通准妈妈来得重，双胞胎准妈妈的营养方案：

1. 准妈妈应调节饮食摄入的量与质，怀双胞胎的准妈妈大约需比一般准妈妈增加 10% 的膳食摄入，包括主食、肉类和蔬果等。

2. 准妈妈一般都有生理性贫血，在双胎妊娠时更为突出，双胞胎准妈妈的血流量比平时高出 70% ～ 80%，双胎妊娠合并贫血发病率约为 40%，所以，双胞胎准妈妈尤其要注意多吃含铁较多的食物，如猪肝和其他动物内脏，以及白菜、芹菜等植物性食物，必要时在医生的指导下补充铁制剂。

3. 双胞胎准妈妈要多补钙，一个人吃，三个人补的双胞胎准妈妈，将需求更多的钙质来满足自己和两个胎宝宝生长发育，平时多喝一些牛奶、果汁，多吃各种新鲜蔬菜、豆类、鱼类和鸡蛋等营养丰富的食物。

4. 双胎妊娠时易患妊娠高血压综合征，因此，准妈妈平时在饮食上要严格控制食盐的摄入，并保障充分的睡眠和休息。

5. 保证饮水量，双胞胎准妈妈如果脱水的话，过早宫缩以及早产的风险就会增加，因此每天至少要喝 2 升水，夏天可以喝凉开水，秋冬季节每天都要准备温开水。

营养师推荐的完美菜单

黄豆芽拌海带——具有美容效果

原料： 鲜海带 300 克，黄豆芽 100 克，蒜、葱、姜、干辣椒各适量，醋、香油、酱油、白糖、盐、鸡精各适量。

做法： 1. 将海带洗净，切成细丝，放到盆里；黄豆芽洗净，放到沸水中氽烫熟，捞出沥干水，放到海带上面。2. 大蒜去皮洗净捣成蒜泥；姜去皮洗净切丝；干辣椒洗净切成丝，将三者放入小碗中。葱洗净切成葱花，撒在黄豆芽上。3. 锅内加入香油烧热，浇在装有蒜泥、姜丝、干辣椒丝的小碗内爆香，加入盐、酱油、鸡精、白糖、醋调成芡汁。4. 将芡汁浇在黄豆芽和海带上，拌匀即可。

健康提示： 黄豆芽和海带搭配食用，能提供多种矿物质和维生素，还具有很好的美容效果。

玉米紫米饭——滋阴补肾

原料： 熟甜玉米、紫米各 100 克，蜂蜜 1 大匙。

做法： 1. 紫米浸泡 6 小时，捞出，包于屉布中，放入蒸锅中，大火蒸 30 分钟。2. 将蒸熟的紫米凉凉后盛入碗中，加甜玉米、蜂蜜拌匀，压紧实，扣在盘中即可。

健康提示： 玉米中的叶黄素和玉米黄素是强大的抗氧化剂，能够保护眼睛；紫米蛋白质和花青素含量高，氨基酸组成全面，营养丰富。

豌豆烩玉米——增强免疫力

原料： 鲜豌豆、嫩玉米粒各 100 克，鲜鱼肉、胡萝卜各 50 克，葱、姜、蒜各适量，料酒、盐、胡椒粉、淀粉、植物油、香油各适量。

做法： 1. 将鲜豌豆煮熟过凉；胡萝卜去皮切粒；鱼肉切粒；葱、姜、蒜切薄片。2. 把鱼肉放碗内，加盐、料酒、胡椒粉、淀粉上浆。3. 在锅内加植物油烧至三成热，放入上好浆的鱼肉滑熟捞出。4. 在锅内留少许底油，放入葱、姜、蒜略炒，烹料酒，放入胡萝卜、玉米粒、豌豆炒熟，再放入鱼肉、清汤少许，加盐调味，用水淀粉勾芡，淋入香油，装盘即可。

健康提示： 这道菜鲜滑脆嫩，美味可口，营养丰富。玉米维生素含量高，豌豆富含人体必需的赖氨酸，两者结合能促进人体发育、提高免疫力，营养搭配完美。

田园小炒——提供各种维生素

原料： 西芹 100 克，鲜蘑菇、鲜草菇各 50 克，胡萝卜 50 克，小西红柿 5 个，植物油适量，料酒 1 小匙，盐少许。

做法： 1. 将西芹摘去叶洗净，切成 1 寸来长的段，投入水中余烫一下，捞出来沥干水。将鲜蘑菇、鲜草菇、小西红柿分别洗净，切块。将胡萝卜洗净，切成细丝。2. 锅内加入植物油烧热，依次放入芹菜、胡萝卜、蘑菇、草菇，翻炒均匀。3. 烹入料酒，加入盐，大火爆炒 2 分钟左右，加入小西红柿，翻炒均匀即可。

健康提示： 这道菜色泽鲜艳，口味鲜香，营养丰富，可以提供各种维生素，维持宝宝的正常发育。

苦瓜清煮花蛤——提高免疫力

原料： 苦瓜300克，花蛤500克，咸蛋1只，盐3克，姜片5克，糖、植物油、胡椒粉、香油各适量。

做法： 1. 将苦瓜洗净后切成长6厘米的段，用刀切除瓜皮，加入盐拌匀、抓透，待用。2. 把花蛤放入开水中煮至开口，捞起取肉。3. 锅内加入植物油烧热，放入姜片爆香，然后加入一碗清水，待水滚后放入咸蛋、苦瓜、花蛤及糖煮2分钟，滴上香油即可。

健康提示： 这道菜不仅富含蛋白质，还具有清热解毒、明目、提高免疫力的功效。但花蛤等贝类性多寒凉，不宜多吃。

香菇炒鱼片——滋阴益肾

原料： 黑鱼肉250克，水发香菇100克，熟火腿25克，胡萝卜、青笋各50克，鸡蛋1个，葱花、生姜末、蒜蓉各适量，精盐、味精、胡椒粉、醋、植物油、香油、湿淀粉各适量。

做法： 1. 香菇洗净，去蒂，切片；青笋、胡萝卜洗净，去皮，切成马眼片；熟火腿切成片。2. 黑鱼肉洗净后切成薄片，放入碗内后加入鸡蛋清、精盐、味精、胡椒粉、湿淀粉、香油码味。3. 炒锅置旺火上，放植物油烧至四成热，下鱼片滑熟后倒入漏勺内。4. 原锅放适量植物油，将蒜蓉、葱花、生姜末下入炒香，再下香菇稍炒，然后下青笋片、胡萝卜片、火腿片炒透，倒入鱼片，拌匀，淋入用味精、盐、胡椒粉、醋、香油兑的汁，炒匀出锅即成。

健康提示： 黑鱼的营养很高，肉中含有丰富的蛋白质、脂肪、18种氨基酸等成分，还含有人体必需的钙、磷、铁及多种维生素，具有补血的功效。此菜具有滋阴益肾、补气养胃的功效。

香菇黑木耳炒猪肝——补血

原料： 新鲜猪肝200克，香菇30克，黑木耳20克，葱、姜各适量，黄酒、鸡汤湿淀粉各适量，精盐、味精、植物油、香油、酱油、红糖各适量。

做法： 1.香菇、黑木耳拣去杂质，放入温水中泡发，浸泡水勿弃，再将香菇洗净后切成片，黑木耳撕成小朵。2.猪肝洗净，剖切成片，放入碗中，加葱花、姜末、黄酒、湿淀粉抓匀。3.炒锅置火上，加油烧至六成热，投入葱花、姜末，炒出香味后即投入猪肝片，急火翻炒，加香菇片及木耳，继续翻炒片刻。4.再加适量鸡汤，倒入香菇和木耳的浸泡水，加精盐、味精、酱油、红糖，小火煮沸，用湿淀粉勾薄芡，淋入香油即成。

健康提示： 猪肝是指猪的肝脏，是储存养料和解毒的重要器官，含有丰富的营养物质，是理想的补血佳品之一，具有补肝明目、养血、营养保健等作用。

羊肉番茄汤——补中益气

原料： 羊肉(熟)250克,番茄200克,精盐3克,味精1克,香油1毫升。

做法： 1.把羊肉洗净，煮熟，切成小薄片。2.把番茄洗净，切成橘瓣块。3.在锅内加羊肉汤，放入羊肉片、精盐稍煮一会儿。4.放入西红柿，烧开，撇去浮沫。5.放入味精，淋入香油，装盘即成。

健康提示： 此汤菜以羊肉与西红柿相合而成。中医认为西红柿具有止渴生津、健胃消食之功，与羊肉益气补虚、暖中温下之功相合，具有补中益气、健胃消食、暖肾温脾之功。

干炸小黄鱼——增进食欲

原料： 小黄鱼 500 克，面粉 150 克，鸡精、盐、料酒、植物油各适量。

做法： 1. 将小黄鱼去掉头和内脏，清洗干净，加入盐、鸡精和料酒，腌制 1 个小时左右。2. 逐个放入面粉中滚几次，使鱼身上均匀地裹上一层面粉。3. 锅内加入植物油烧至六七成热，将小黄鱼逐个放入炸至呈金黄色，取出控油。4. 继续加热油锅，待油温升至八成热时，逐个放入黄鱼再炸一遍，使小黄鱼焦脆即可。

健康提示： 这道菜富含蛋白质、脂肪、糖、维生素、钙、铁等多种营养成分，还能够增进食欲。

姜汁鱼头——含多种营养物质

原料： 鲢鱼头 350 克，鲜蘑菇 100 克，葱白 1 段，姜 5 片，高汤少许，酱油、料酒各 1 小匙，盐、胡椒粉、鸡精各适量。

做法： 1. 将鱼头洗净，剖成两半，投入沸水氽烫一下，捞出沥干水。2. 鲜蘑菇洗净，切成两半；将姜洗净拍破，切成片，加入少许清水浸泡出姜汁；葱白洗净切段备用。3. 将鱼头放入蒸盘中，加入鲜蘑菇、料酒、酱油、葱、姜、鸡精、胡椒粉、盐和高汤，大火蒸 20 分钟左右。4. 拣出葱姜，淋入姜汁即可。

健康提示： 这道菜肉质细嫩、营养丰富，可补充丰富的蛋白质、脂肪、钙、磷、铁、维生素等多种营养物质。

番茄鸡蛋饺子——促进吸收

原料： 西红柿 2 个，鸡蛋 3 个，饺子皮 20 张左右，淀粉、盐、植物油各适量。

做法： 1.西红柿去皮，挖出里面的软芯后，切小丁，用纱布包起来，挤出水分后待用（可加少许白砂糖来提鲜）。2.鸡蛋打入碗中，加少许淀粉和盐，打散。3.炒锅中倒入植物油，烧至六成热时倒入鸡蛋液，迅速划散，炒成碎蛋花后盛出。4.再次滗出西红柿汁水后与蛋花混合。调入盐，拌匀，饺子馅即完成。5.按常法包完饺子，加水煮熟即可。

健康提示： 西红柿能够促进胃液分泌，加强对脂肪及蛋白质的消化吸收能力，调节胃肠功能。

银丝黄鱼汤——补虚强身

原料： 黄鱼 1 条，萝卜 200 克，芹菜 1 根，姜 3 片，葱、蒜各适量，植物油适量，干辣椒少许，豆瓣酱 2 大匙，花椒各少许。

做法： 1.将黄鱼处理清洗干净，抹干水分；萝卜洗净切丝，放入沸水锅内汆烫 3 分钟，捞出沥干；芹菜洗净切丝。2.起锅热植物油，油六成热时，爆香姜、蒜、葱、干辣椒、花椒和豆瓣酱，做成调味酱，盛起备用。3.另起锅热油，将黄鱼煎至两面微黄。4.加入萝卜丝、第二步中的调味酱，倒入滚水适量，加盖煮 5 分钟，再加入芹菜煮滚即成。

健康提示： 黄鱼含有丰富的蛋白质、微量元素和维生素，对人体有很好的补益作用。

虾仁蛋炒饭——钙含量高

原料： 米饭 150 克，豌豆、净虾仁各 50 克，火腿 20 克，鸡蛋 1 个，葱花 10 克，植物油、盐、鸡精各适量。

做法： 1. 将火腿切丁；鸡蛋用油炒熟备用；豌豆洗净，煮熟。2. 炒锅中放植物油烧热，煸香葱花，放虾仁炒变色，再放米饭翻炒，加入火腿、豌豆、鸡蛋、盐、鸡精翻炒均匀即可。

健康提示： 虾仁中钙的含量较高，而豌豆含丰富的 B 族维生素，一起炒饭，不仅补钙，而且口味鲜美，令人食欲大振。

糟鱼肉圆汤——滋补强壮

原料： 青鱼中段 400 克，肥瘦猪肉 200 克，蛋清 1 份，冬笋 25 克，水发冬菇 25 克，豆苗 15 克，精盐 5 克，料酒、葱汁、姜汁各 50 克，鸡油 10 克，干姜粉 5 克，香糟 100 克。

做法： 1. 青鱼洗净后切成长方块，加盐腌 30 分钟，香糟用料酒调稀后腌 2 小时备用；冬笋切成片状；冬菇洗净；肥瘦肉剁成肉末，放碗内加入盐、葱姜汁、蛋清、干姜粉拌匀做成肉丸备用。2. 将鱼块和笋片、冬菇下锅，加入盐调味。再将肉丸放入锅内煮熟，加入豆苗烫热后，淋入鸡油即可。

健康提示： 此汤养血益气、滋阴生津、清热除烦、利水消肿，对于准妈妈有良好的补益作用。

海鲜焗饭——提高免疫力

原料：米饭 1 碗，虾 5 只，蟹柳 20 克，黄瓜 20 克，干贝 20 克，洋葱 20 克，植物油、蚝油、生抽、盐、胡椒粉、马苏里拉奶酪各适量。

做法：1. 鲜虾去壳，抽去虾线后切成小块；干贝用白兰地酒或水泡软；洋葱、黄瓜和蟹柳切小块。2. 锅中放植物油烧热，下洋葱粒炒香。3. 放入米饭炒散后，再放入虾仁、蟹柳、干贝翻炒均匀。接着加入蚝油、生抽和少许盐调味。4. 最后加入黄瓜丁，并加胡椒粉炒匀即可。5. 将米饭盛入烤碗中，米饭表面铺上马苏里拉奶酪。烤箱预热至 200℃，中层，烤至马苏里拉奶酪熔化即可。

健康提示：虾仁、干贝富含蛋白质，可以提高人体免疫力。

西芹牛肉羹——降血压

原料：牛肉（瘦）200 克，豆腐（北）150 克，西芹 100 克，鸡蛋 65 克，香菜 15 克，盐、味精、胡椒粉适量。

做法：1. 将牛肉的血污用清水漂净，然后切成粒状，待用；西芹去根、黄叶和老茎，清洗干净，焯一下水，切成粒；香菜去老根和黄叶，清洗干净，切成末。2. 将豆腐切成粒，用沸水烫去豆腥味；鸡蛋磕入碗内，用筷子搅散，备用。3. 将炒锅洗净上火，倒入高汤，放进牛肉粒、西芹粒、豆腐粒烧开。加入盐、味精、胡椒粉，搅拌均匀。4. 把淀粉放入碗内，加少许清水搅拌均匀，接着再倒进锅内，起锅装入汤碗内。最后将鸡蛋液徐徐淋入碗内（一边淋一边用筷子不停地搅动），待鸡蛋液成絮状后撒上香菜末即成。

健康提示：芹菜有明显的降压作用，其持续时间随食量增加而延长，并且还有镇静的功效。

第 7 章

孕 6 月 （21~24 周），
少食多餐更舒心

快乐迎来准妈妈身体变化和胎宝宝发育

胎儿越来越有意识、有感觉、有反应

胎儿 21 周

现在宝宝的听觉已经发育到一定程度：听到音乐会做出反应。现在的宝宝手指甲、嘴唇几乎完全长好，犬齿和臼齿开始形成。为了适应子宫外的生活，胎宝宝甚至开始用胸部进行呼吸。胎宝宝现在差不多每一分钟就会动一次。

胎儿 22 周

这一周，宝宝身长大约 19 厘米，体重 350 克左右，身体各个部位的比例也变得匀称了。胎儿的五官已经发育成熟了，面目很清晰，通过 B 超，可以清楚地看到胎儿的眉毛和睫毛。现在胎宝宝的骨骼已经发育得相当结实，骨关节也已经开始发育。虽然体重在不断增加，胎宝宝的皮肤看起来仍然是皱巴巴的，外表像个小老头。现在宝宝清醒的时间比以前长，也更喜欢听到来自外界的声音。

胎儿 23 周

这一周，胎宝宝的身长大约 20 厘米，体重 400~450 克，骨骼、肌肉已经长成，听力已经基本形成，还具备了微弱的视觉，已经十分像一个小婴儿了。在宝宝体内，肺中的血管形成，呼吸系统正在快速地建立；肾脏已能够制造尿液，一种深绿或黑色的黏物质组成了宝宝的第一块"脏尿布"。现在宝宝每天会大量地喝下妈妈子宫里的羊水，然后通过尿液排出体外。

胎儿 24 周

这一周，胎宝宝的体重正式超过了 500 克，身长也达到了 25 厘米。由于色素的沉淀作用，现在胎宝宝的皮肤开始变得不那么透明。除了听力有所发展外，呼吸系统也正在发育，虽然还需要依靠胎盘获得氧气，胎宝宝的肺部已经开始发育出一些肺泡表面活性物质，这种物质可以使胎宝宝在出生后开始呼吸时，肺部的气囊不至于被压扁，或粘在一起。

🍲 身体出现程度不一的浮肿

孕 21 周的准妈妈

现在准妈妈几乎已经完全摆脱了妊娠反应的不适，食欲很好，可能会喜欢吃一些从前不爱吃的东西。这时，子宫底将上升到肚脐上方1.3厘米的地方，体重将比孕前增加 4 ~ 6 千克，腹部高高隆起，是个标准的孕妇了。大部分准妈妈在这时候会出现小腿浮肿，要注意多变换姿势，减轻身体负担。

孕 22 周的准妈妈

现在准妈妈的体重会以每周 250 克的速度迅速增加，子宫也会逐渐开始压迫肺部，准妈妈的行动越来越不便，时常感到呼吸困难。由于孕激素的作用，准妈妈手指、脚趾和全身的关节韧带都会变得松弛，也会使准妈妈觉得有些不舒服。

孕 23 周的准妈妈

准妈妈的子宫底上升到肚脐上方约3.6厘米处，肚脐可能凸出起来，由于子宫开始压迫膀胱，有时准妈妈会发觉有尿液渗漏到内裤上。

孕 24 周的准妈妈

由于乳房的膨胀、腹部的扩张，准妈妈的皮肤被进一步拉伸，可能会出现发痒的感觉。在孕激素的作用下，准妈妈脸上和腹部的妊娠斑、妊娠纹将更加明显，有的准妈妈还会感到眼睛发干。

妈妈和宝宝的营养管理

🍲 妊娠糖尿病的饮食管理

妊娠糖尿病是指妊娠期发生的或首次发现的糖尿病，其中 80% ~ 90% 的准妈妈在孕前无糖尿病史，妊娠糖尿病多发生在怀孕 24 ~ 28 周。

不合理饮食引发妊娠糖尿病

准妈妈容易患糖尿病是因为孕后体内会分泌一些激素，这些激素有抵抗胰岛素的作用，但因为这个原因导致的糖尿病比例并不高。

准妈妈过度补养、饮食不合理容易导致妊娠糖尿病。吃得多，大量糖分代谢不出去，或者短期内摄入太多高糖分食物，身体来不及代谢，从而引起妊娠糖尿病。

妊娠糖尿病一旦发生，对准妈妈来说，可能会增加患孕期综合征的机会，如妊娠高血压疾病、肾盂肾炎、尿路感染、乳腺炎等；对胎宝宝来说，可能会引起先天性畸形、死胎、早产、心肌病、智力低下等。

所以，即便孕前没有糖尿病的准妈妈，也要注意预防妊娠糖尿病，而预防妊娠糖尿病最关键就是要杜绝不合理饮食。

患妊娠糖尿病的准妈妈的饮食要点

有时候尽管准妈妈很努力地去预防了，但还是会发生妊娠糖尿病，也不必因此太苦恼，到了产后，多数妊娠糖尿病都会消失。

患妊娠糖尿病的准妈妈在饮食上要格外注意以下几点：

1. 控制糖类摄入量。这是预防糖尿病的关键，也是患病后要严格控制的。

2. 食宜选择纤维含量高的食

物，如糙米、五谷饭、全麦面包等，同时搭配一些根茎类蔬菜，如土豆、芋头、山药等。

3. 多吃含优质蛋白质的食物，如鸡蛋、瘦肉、鱼类、豆制品等，但需注意不可过量，因为蛋白质类食物虽然不含糖，但进入人体后同样可以转化成糖。

4. 少食多餐。一次进食大量食物会造成血糖快速上升，可在三餐之间，适当各加餐一次，三餐比例分配为10%、40%、30%，加餐比例分配为5%、10%、5%。

了解低升糖指数食物

低升糖指数的食物，在胃肠中停留时间长，吸收率低，葡萄糖释放缓慢，因此葡萄糖进入血液的速度慢、峰值低。患妊娠糖尿病的准妈妈，饮食尽量选择升糖指数低的食物。

一般来说，纤维量越高升糖指数越低，所以多数全麦食物及蔬菜，都可列为低升糖指数食物，常见低升糖指数食物推荐：

食物种类	常见食材
五谷类	荞麦面、粉丝、黑米、黑米粥、通心粉、藕粉
蔬菜	魔芋、大白菜、黄瓜、芹菜、茄子、青椒、海带、金针菇、香菇、菠菜、番茄、豆芽、芦笋、花椰菜、洋葱、生菜
豆类	黄豆、眉豆、豆腐、豆角、绿豆、扁豆、四季豆
水果	苹果、橙、提子、柚子、草莓、樱桃、金橘
奶类	牛奶、低脂奶、脱脂奶、低脂乳酪

健康提示 食物加工时间越长、温度越高、越成熟，升糖指数就越高，反之就越低，如稀大米粥，因为用高温蒸煮时间较长，血糖升成指数就相当高。所以，患糖尿病的准妈妈宜用简单、简便的烹调方法，这样做出来的食物升糖指数较低。

孕期可适当吃全麦早餐

狭义的全麦食品是指使用全麦面粉（采用没有去掉麸皮的整粒小麦磨制的面粉）制成的面包、饼干、面条等食物。广义上来说，全麦食物应当是指全谷类食品，常见的全谷类食品有燕麦、大麦、荞麦、糙米、小米、全麦粉、全麦面包等。

全麦食物的特点

由于保留了麸皮，全麦食物看起来比我们一般吃的精制面粉颜色黑一些，口感也较粗糙，但麸皮中的大量维生素、矿物质、膳食纤维等也得以保存，还含有较多的抗氧化剂，因此营养价值更高，可降低胆固醇，调节血压，减少心脏病的发病概率。

由于全麦食物经过的加工很少甚至几乎没有，因而也具有更低的血糖生成指数，对于预防妊娠糖尿病也非常有意义。

孕期常吃全麦食物不仅有助于准妈妈控制体重，缓解孕期便秘，预防妊娠糖尿病，甚至动脉粥样硬化和癌症等疾病的发生，还可以一定程度上预防心脏病的发生。

如何搭配更丰富

目前，市面上可以买到的全麦食品包括燕麦、大麦、糙米、全麦面包、全麦饼干等。准妈妈可选用这些来搭配牛奶、果酱、蔬菜沙拉来作为自己的早餐或者是加餐。

虽然全麦食品有诸多益处，但也要注意与其他食品搭配食用。粗粮与细粮的平衡，保证食物多样化，这样才能得到更全面、均衡的营养。

少吃含反营养物质的食物

反营养物质一般存在于各种加工类食品中，它们会让食物颜色更漂亮、口感更诱人，但这些物质本身对人体健康没有益处，甚至有害处，长期或者过量食用，不仅妨碍营养吸收，还会增加患慢性病的概率。

常见的反营养物质

反营养物质	含有的食物	对食物的作用	对人体的影响
反式脂肪酸	焙烤食品、油炸食品和甜点、冷饮、奶茶等	延长食品保质期；让口感更酥脆或更柔软	干扰体内正常的脂肪酸平衡，增加肥胖、心脏病、糖尿病、老年痴呆和儿童神经系统发育障碍的危险
磷酸盐	可乐、甜饮料、加工肉制品、淀粉制品等	改善食品口感，增强食品的保水性	干扰钙、镁、铁、锌等矿物质的吸收，增大骨质疏松和贫血的危险
铝	煎炸食品、膨化食品、泡打粉、水发海蜇和粉条等	让膨化、煎炸食品松脆或疏松；让淀粉食品口感更筋道	过多的铝妨碍多种矿物质的吸收，抑制免疫系统，导致神经系统功能紊乱和大脑组织的损伤，抑制骨的发育
合成色素	各种颜色美丽的零食、甜点、饮料	使食物的颜色更诱人	部分合成色素能与多种矿物质如锌、铬等形成人体难以吸收的物质，从而加剧微量元素的缺乏
亚硝酸盐	各种粉红色的肉制品、餐馆肉菜、肉类熟食等	让肉颜色粉红诱人；增加口味；让食品不易腐败	会与血红素铁结合，妨碍人体的血红蛋白转运氧气，甚至形成致癌物亚硝胺

🍲 用红糖代替白糖

准妈妈要预防妊娠糖尿病，不能多吃甜食，每天的食糖量应控制在 50 克之内，在需要使用白糖的部分，可用红糖来代替。

红糖是未经提纯的蔗糖，其中保存了许多对准妈妈有益的成分，如所含的钙比白糖多 2 倍，含铁比白糖多 1 倍。红糖还含有胡萝卜素、核黄素、烟酸和其他微量元素，这些成分都是准妈妈在怀孕和哺乳期十分需要的营养成分，还可有效防治准妈妈孕期贫血。

不过，红糖的热量很高，且不含维生素，营养结构并不均衡，不宜多食，以免摄入过多热量，导致肥胖。

另外要注意的是，红糖还有一定的活血化瘀功效，有先兆流产的准妈妈建议不要吃红糖。

🍲 别太贪吃冰冷食物

很多准妈妈在孕期会胃火上升，即便不是在特别热的夏天，也会想吃冰淇淋、喝冰水或吃冰镇的食物来缓解燥热，偶尔为之并无大碍，但准妈妈千万要节制。

冰冷食物对准妈妈和胎宝宝的影响

准妈妈的胃肠对冷热的刺激非常敏感，加之怀孕期间胃肠蠕动变慢，消化功能降低，吃多了冷饮或冰镇食物，会刺激胃黏膜，使胃肠血管突然收缩，影响胎盘供血，胃液分泌也减少，消化功能会进一步降低，影响营养吸收，甚至引发胃部不适。

或许一开始准妈妈不会觉出有什么不对劲，但时间久了，就会出现大便不畅、下身分泌物增多等现象，严重的还可能导致阴道炎，影响正常生产。

不仅如此，脾胃功能下降还会增加准妈妈肠道疾病的感染、发病率，增大用药风险。

胎宝宝对冷的刺激也很敏感，准妈妈喝大量的冷水或吃冷饮时，胎宝宝会在子宫内躁动不安，胎动会变得频繁。

因此，准妈妈吃冷食一定要有节制，即便偶尔吃冷饮，也要慢慢吃，让冰冷食物在口中化开或者变温了再咽下去，也千万不要贪食。

🍲 准妈妈巧吃火锅

火锅被非常多的人所喜爱，喜欢吃火锅的准妈妈可能会很馋，尤其是到了寒冬腊月，与亲朋好友围桌其乐融融地吃上一顿，心情也会很好。

吃火锅时基本都是选用新鲜的食材，而且种类丰富，烹调方法基本是煮和焯，对食物的营养素破坏较少，也不会产生过多有害物质。所以，准妈妈孕期也可以适量吃火锅，只需要吃的时候注意一些细节即可。

火锅汤底的选择

清水或清汤锅底最健康，里面可以加一些葱、姜、海米、香料等家常调料，这样的汤底油脂很少。如果喜欢吃辣，可以在蘸酱里加入少许辣椒油。

吃火锅时注意的细节

1. 涮肉一定要熟透。大部分生肉中均含有寄生虫，你一定要将肉片烧熟煮透，并尽量避免用同一双筷子取生食物及进食，远离弓形虫的感染。

2. 注意吃的顺序。准妈妈可在吃前先喝小半杯新鲜果汁，接着吃蔬菜，然后是肉。这样，才能合理利用食物的营养，减轻胃肠负担。

3. 控制进食量。吃火锅时，准妈妈若胃口不佳，应减慢进食速度及减少进食分量，以免食后消化不了，引致不适。

4. 请别人代劳。在孕期吃火锅时，准妈妈不要勉强伸手夹食物，以免加重腰背压力，导致腰背疲倦及酸痛。不要客气，同桌人肯定会很乐意代劳的。

巧搭配更营养

1. 多放些蔬菜。火锅材料不仅是肉、鱼、动物内脏等食物，还必须先后放入较多的蔬菜，蔬菜含大量维生素及叶绿素，不仅能消除油腻，补充维生素的不足，还有清凉、解毒、去火的作用，但放入的蔬菜不要久煮，熟了就要及时吃。

2. 适量放些豆腐。在火锅内适当放入豆腐，不仅能补充多种微量元素，而且还可发挥豆腐中石膏的清热泻火、除烦、止渴作用。

3. 放点不去皮的生姜。生姜能调味、抗寒，火锅内可放点不去皮的生姜，因姜皮辛凉，夏天吃火锅，有散火除热的作用。

4. 吃火锅后半小时吃些水果。一般来说，吃火锅后半小时可吃些水果，水果性凉，有良好的消火作用。

营养师推荐的完美菜单

黄瓜木耳汤——含多种维生素

原料: 大黄瓜1个, 木耳15克, 鸡蛋1个, 植物油、酱油、盐、味精、香油各适量。

做法: 1. 将黄瓜去皮, 切薄片; 木耳泡发; 鸡蛋磕入碗中, 打散。2. 锅中放植物油爆一下木耳, 再加适量水和少许酱油烧滚, 然后倒入黄瓜, 略滚一下, 倒入鸡蛋, 再以味精、盐、香油调味即成。

健康提示: 此汤营养丰富, 含有多种维生素及矿物质。

西红柿炖牛腩——补铁补锌

原料: 牛肉500克, 西红柿2个, 姜片、葱花各适量, 植物油、盐、生抽各适量。

做法: 1. 牛肉洗净, 切大块; 西红柿洗净, 去蒂, 切块。2. 起锅热油, 放入葱花、姜片爆锅, 随后加入牛肉翻炒。3. 边炒边加入生抽、盐, 加水没过牛肉, 烧沸后撇出浮沫, 转小火, 盖锅炖烂。4. 肉煮烂后加入西红柿块, 待西红柿熟透即可关火出锅。

健康提示: 牛肉含铁、锌等营养素, 西红柿中的维生素C可促进铁吸收, 从而起到补铁、补锌、防贫血的效果。

栗子芋头炖鸡腿——温补脾胃

原料： 新鲜栗子 300 克，芋头 250 克，鸡腿 2 只，盐、植物油、料酒、香油各适量。

做法： 1. 新鲜栗子洗净，放入沸水中氽烫，捞出冲凉，用手搓去外膜备用。2. 芋头洗净，去皮切块，放入油锅中煎至微黄。3. 鸡腿洗净，剔去骨头以及腿筋，切块，放入沸水中氽烫去血水后捞出。4. 将所有原料放入砂锅内，加入冷水淹满，再倒入料酒，滴上香油，小火煲熟，加盐调味即可。

健康提示： 鸡肉可补脾造血，栗子可健脾，此汤可温补脾胃，调养气血。

黄鱼火腿粥——滋补强健

原料： 黄鱼肉 150 克，糯米 100 克，莼菜 50 克，火腿末 10 克，胡椒粉、盐、味精各 2 克。

做法： 1. 把莼菜洗净，用开水氽一下，装入碗中，备用。2. 把糯米淘洗干净。3. 将黄鱼肉剔去骨刺，清洗干净，切成丁，待用。4. 将糯米加水煮粥，煮至将熟时，加入鱼肉丁、火腿末、盐后略搅，使之均匀，最后撒入胡椒粉、味精即成。5. 将煮好的粥盛入装有莼菜的碗中即可。

健康提示： 此粥可益气健脾，滋补开胃，宁心安神，具有补益功能。

桃仁拌莴苣——防治便秘

原料： 莴苣 300 克，核桃仁 20 克，香油 1 小匙，盐半小匙，鸡精少许。

做法： 1. 将莴苣去皮洗净，切成厚片，在每片中间竖切一个口，使之保持不断；核桃仁洗净切成条备用。2. 锅置于火上，加入适量清水烧沸，放入莴苣片、核桃仁氽烫至变色后捞出备用。3. 把莴苣片中间开口处揿开，将桃仁嵌入莴苣片中，放入盘中，加入盐、香油、鸡精拌匀即可。

健康提示： 这道菜具有增进食欲、防治便秘、健脑、润肤的功效。

紫菜萝卜汤——补充铁元素

原料： 紫菜 15 克，白萝卜 1 根，植物油 2 匙，盐适量。

做法： 1. 紫菜用清水浸泡，白萝卜切条待用。2. 放入植物油烧热，放入切成条的白萝卜炒，加水适量，文火炖煮 10 分钟。3. 出锅前放入紫菜，加入适量盐即食。

健康提示： 紫菜含铁较多，每百克约含铁 46.8 毫克。每周喝 2 ～ 3 次紫菜汤，就能保证人体所需铁的含量了。

火腿炖燕窝——滋阴调虚

原料： 火腿50克，干燕窝5克，鸡茸100克，鸡蛋清2个，清汤200毫升，鸡汤100毫升，鸡油10克，碱、精盐、味精、料酒、湿淀粉等调料适量。

做法： 1.将燕窝放入碗中，温水泡发约15分钟，轻轻捞出，用镊子拣去燕毛和根，用净水冲2～3遍（切不可揉搓），以洗净灰土为准，沥干水分。2.把碱放入燕窝中，加入适量的开水，用筷子慢慢拌匀，待燕窝发涨，沥去碱水。3.把燕窝用开水冲洗2～3次（以去碱味），随即用干净布挤去水分，备用；火腿洗净，切丝。4.把发好的燕窝放在漏勺内，用清汤200毫升汆一下，用干净纱布挤去水分，摆在盘内，将火腿丝撒在上面。5.锅中倒入鸡汤100毫升用旺火烧开，加入味精、料酒、精盐适量，湿淀粉10克勾芡，再徐徐倒入鸡茸和蛋清稍煮后起锅，浇在燕窝火腿上，最后淋上鸡油即可。

健康提示： 燕窝是中国的传统名贵补品之一，历来有"稀世名药""东方珍品"之美称。

五谷豆浆——降脂降糖

原料： 干黄豆、干大米、干小米、干小麦仁、干玉米各20克，白糖适量。

做法： 1.干黄豆泡软洗净。2.将干大米、干小米、干小麦仁、干玉米洗净，和泡好的黄豆混合放入豆浆机杯体中，加水至上、下水位线之间，搅打成豆浆。3.将豆浆过滤，加入适量白糖溶化调匀即可。

健康提示： 五谷豆浆中含有丰富的蛋白质、氨基酸、微量元素和食物纤维，营养均衡全面，更利于人体吸收，对降脂、健脾养胃、养心安神、预防糖尿病等有很好的食疗补益作用。

豆浆西红柿花椰菜——促进食欲

原料：花椰菜半个（约200克），西红柿1个（约150克），原味豆浆100毫升，盐适量，橄榄油50克。

做法： 1. 锅内放入橄榄油，中火烧热，放花椰菜，翻炒1分钟。 2. 放西红柿块，中火炒2~3分钟。 3. 倒入豆浆，撒盐，翻炒到汁收干即可。

健康提示：花椰菜的营养比一般蔬菜丰富，而且质地细嫩，味甘鲜美，食后极易消化吸收。

鲜贝蒸豆腐——调和脾胃

原料：老豆腐1块（300克左右），鲜贝100克，油菜心50克，姜3片，豆瓣酱1大匙，植物油、盐、香油、白糖各适量。

做法： 1. 将鲜贝剖开，取出贝肉洗净，切成小块待用。将豆腐切成2厘米见方的块，投入沸水中汆烫一下，捞出来沥干水。 2. 将油菜心洗净，投入沸水中，加少许盐和植物油，汆烫至熟备用。姜去皮洗净，切丝备用。 3. 将豆腐放入盘中，撒上贝肉、姜丝，加入豆瓣酱、白糖，上笼用大火蒸5分钟左右。 4. 将油菜心摆在豆腐旁，淋入香油即可。

健康提示：这道菜味道鲜美，可增进食欲、补钙。

红萝卜烧牛腩——预防孕期贫血

原料： 牛腩500克，胡萝卜250克，香菜、姜各少许，葱2棵酱油2大匙，豆瓣酱、番茄酱、白糖、料酒各1大匙，甜面酱半大匙，八角1粒，植物油、盐、水淀粉各适量。

做法： 1. 将牛腩洗净，放入开水中煮5分钟，取出冲净；另起锅加清水烧开，将牛腩放进去煮20分钟，取出切厚块；留汤备用。2. 将胡萝卜去皮洗净，切滚刀块；葱姜洗净，葱切段，姜切片备用。3. 锅内加入植物油烧热，放入姜片、葱段、豆瓣酱、番茄酱、甜面酱爆香，倒入牛腩爆炒片刻，加入牛腩汤、八角、白糖、酱油、盐，先用大火烧开，再用小火煮30分钟左右。4. 加入胡萝卜，煮熟，用水淀粉勾芡，撒上香菜即可。

健康提示： 胡萝卜和牛腩一起搭配，可以提供全面而均衡的营养，对预防孕期贫血有很好的作用。

红薯银耳羹——促进排便

原料： 红薯1个，干银耳5克，枸杞数粒。

做法： 1. 红薯削皮切块，干银耳用水泡发至软，枸杞洗净。2. 将泡好的银耳放入锅中，加水煮至软；将红薯块倒入，煮约10分钟至熟。3. 将枸杞倒入，煮5分钟即可。

健康提示： 红薯味道甜美，营养丰富，又易于消化，可供给大量热能；经过蒸煮后，与生食相比可增加40%左右的食物纤维，能有效刺激肠道的蠕动，促进排便。

花生炖牛肉——预防贫血

原料： 牛肉（瘦）300 克，生花生米 100 克，葱白 1 段，姜 3 片，料酒 1 大匙，盐适量，鸡精少许。

做法： 1. 将花生米用开水泡 3 分钟左右，剥去皮洗净。将牛肉洗净，切成 3 厘米见方的块，投入沸水中汆烫一下，捞出来沥干水。2. 将牛肉放入砂锅内，加入葱段、姜片和适量清水（以没过牛肉为度），大火烧开，撇去浮沫，加入料酒、花生米，改用小火炖至牛肉酥烂。3. 拣出葱段、姜片，加入盐、鸡精调味即可。

健康提示： 本品含有丰富的蛋白质、不饱和脂肪酸和铁，不但能补充营养，还能预防贫血。

香菇鸡肉粥——降压降脂

原料： 米饭 50 克，鸡脯肉 50 克，鲜香菇 2 朵，植物油适量。

做法： 1. 先将鲜香菇洗净，剁碎；鸡脯肉洗净，剁成泥状。2. 锅内倒植物油烧热，加入鸡肉泥、香菇末翻炒。3. 把米饭下入锅中翻炒数下，使之均匀地与香菇末、鸡肉泥混合。4. 锅内加水，用大火煮沸，再转水火熬至黏稠即可。

健康提示： 香菇与肉类搭配，不仅口味好，还能促进肉类中所含的动物蛋白和脂肪的消化吸收。

金针菇炒鳝丝——补益气血

原料： 去骨黄鳝肉 350 克，水发金针菇 100 克，姜、蒜瓣各适量，精盐、酱油、豆粉、猪油各适量。

做法： 1. 黄鳝洗净，剁段切成丝。2. 姜切丝；金针菇洗净切段。3. 豆粉加水调匀，入锅烧沸，放入鳝丝，加酱油、精盐翻拌，至鳝丝半熟时投入金针菇及姜丝，翻拌至鳝丝熟透，起锅盛入盘中。4. 锅洗净后加猪油烧热，投入拍碎的蒜瓣煸香，将其浇在鳝丝上即可上桌。

健康提示： 味美、营养丰富、具有补肝益脾的食用菌金针菇，配以甘温补益健身、散风通络的鳝鱼，合炒而成，具有补虚损、益气血、养颜之功效。

赤豆煲南瓜——缓解便秘

原料： 赤豆 100 克，老南瓜 200 克，冰糖适量。

做法： 1. 赤豆洗一下，加水浸半天，用炖盅盛好，放高压锅中，煮至鸣响，住火放凉，取出备用。2. 老南瓜洗干净，切成小块。3. 赤豆、南瓜倒砂锅中，加水足量，先用大火烧沸，再用小煲 1 小时，加冰糖调味，作点心食用。

健康提示： 赤豆可增加胃肠蠕动，减少便秘，促进排尿。南瓜含纤维素丰富，经常吃红豆南瓜粥，能有效促进排毒。

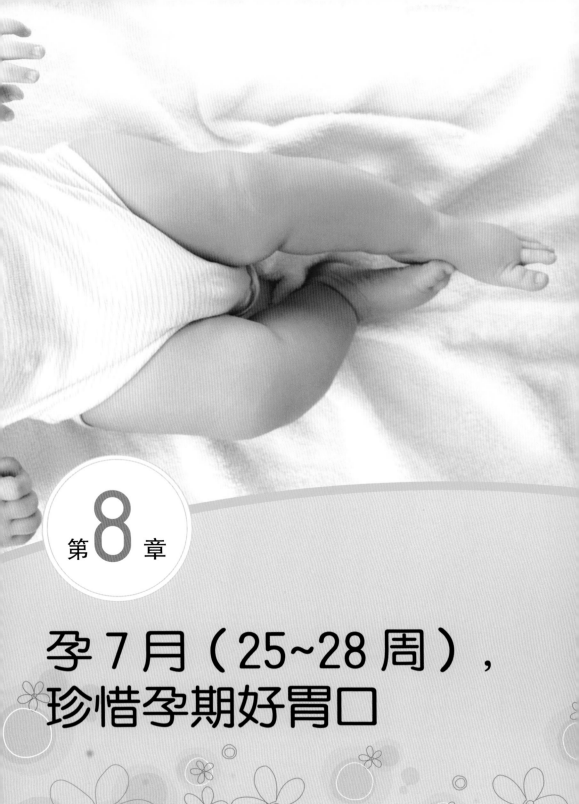

第 **8** 章

孕 7 月（25~28 周），
珍惜孕期好胃口

快乐迎来准妈妈身体变化和胎宝宝发育

胎儿开始蓄积身体脂肪

胎儿 25 周

胎儿在迅速长胖，他看起来已经没有那么皱巴巴了。随着体内骨头的逐渐骨化，宝宝将变得越来越强壮！而且他的身体在准妈妈的子宫中已经占据了相当多的空间，开始充满整个子宫。此时，胎宝宝的大脑细胞迅速地增殖、分化，大脑体积迅速增大，多吃一些健脑食物可以促进大脑发育。

胎儿 26 周

胎儿此时已开始出现皮下脂肪，还会继续吞咽羊水努力完善自己的肺功能。现在昼夜黑白的变化胎宝宝也能感觉得到了，会随着妈妈一起建立规律的生活习惯。这一周胎宝宝的听力系统（耳蜗和外耳感觉末端器官）将完全形成，胎宝宝对声音的感觉越来越敏感了。

胎儿 27 周

胎宝宝的大脑已经发育到一定水平，大脑皮层表面开始出现沟回，脑组织还在快速地增长。此时，胎宝宝的大脑开始发出命令，控制全身机能的运作和身体的活动。胎宝宝的大脑活动也很活跃，很多专家甚至认为，27 周的胎宝宝已经开始做梦了。

胎儿 28 周

这一周，胎宝宝的体重已经越过了 1000 克，为 1.1~1.4 千克，几乎充满了整个子宫，所以活动越来越困难，准妈妈可以感觉到的胎动也越来越少了。这时胎宝宝的肺部尚未发育完全，但如果此时发生早产，胎宝宝在器械的帮助下也可以进行呼吸。这时，胎宝宝的睫毛已经完全长出来了。随着脂肪层的不断积累，胎宝宝体内的脂肪占 2%~3%，为出生后在妈妈子宫外的生活做了必要的准备。

各种身体不适可能接踵而至

孕 25 周的准妈妈

准妈妈现在变得更容易疲倦，腰背痛也会觉得愈发明显。有些的准妈妈在此时会出现眼睛发干、怕光等不适，甚至有时候感到头晕和头痛，虽然这都是孕期正常现象，心理因素也可能加重甚至引起更多不适，所以准妈妈一定要多放松，不要过于紧张与担心。

孕 26 周的准妈妈

在这一周里，准妈妈的子宫底已经移动到肚脐以上 6.25 厘米左右的地方，体重也比孕前增加了 7~10 千克。大腹便便的体型、胎宝宝频繁的胎动都会使准妈妈睡个安稳觉的愿望难以得到满足，所以准妈妈要学会抓住机会打个盹儿，在宝宝出生后这也将十分有用。

孕 27 周的准妈妈

这一周，准妈妈可能突然感到腹部出现阵发性的跳动，这是宝宝在打嗝，不用担心。子宫底的升高会令呼吸更加困难，这时候，准妈妈可以通过深呼吸来增加肺的通气量，一次性获得比较充足的氧气，避免缺氧而引起心慌等不适。

孕 28 周的准妈妈

这一周，准妈妈会感到宝宝在肚子里运动得更加频繁，有时还会翻身，使肚子看上去凹凸不平。由于容易疲惫，准妈妈此后要注意多休息，不要走太远的路，以免出现意外。有的准妈妈此时感到肚子发硬、发紧，有时还会伴有轻微的阴道出血，这是由于子宫下降、胎头下降使骨盆压力增加引起假宫缩，不必紧张，如果这种情况很频繁，间隔的时间不断变短，并且伴随腹痛、阴道流血等现象，就要及时到医院就诊。

妈妈和宝宝的营养管理

🍲 通过饮食缓解便秘

　　怀孕后，孕激素的作用导致结肠蠕动变慢，到了孕中后期，膨大的子宫压迫直肠，更容易引起准妈妈便秘，那么，怎样通过日常饮食来缓解来安全有效地缓解便秘呢？

缓解便秘的饮食原则

　　1. 进食不要过精，多吃富含纤维的食物，包括各种杂粮和薯类食品，以及丰富的水果和芹菜、豆瓣菜、卷心菜、菠菜等在内的绿叶蔬菜，全麦谷物与面包同样是很好的选择。

　　2. 在进餐时，调整进餐顺序可起到事半功倍的效果，在进食之前，可先喝一杯加一片柠檬的温水，每顿饭都先从色拉或水果开始，然后再多吃些富含纤维和维生素 C 的食物，可有效促进饭后排便。

　　3. 平时多喝水。每天适当多喝些水，对防止便秘非常有益。不妨每天早晨喝一大杯温开水，这将有助于清洁和刺激胃肠道蠕动，使大便变软而易于排出。

适当增加膳食纤维摄入量

　　膳食纤维可以吸附大量水分，增加粪便容积，促进肠蠕动，加快粪便的排泄，这对于防止便秘和减少粪便的停留时间非常有益，所以准妈妈应该增加膳食纤维的摄入量。

　　松蘑、红果干、桑葚干等膳食纤维含量接近50%，此外像干枣、笋干、香菇、银耳、木耳、苹果、鸭梨、豆类、紫菜、全麦食品等，都是富含膳食纤维的食物。

　　但这并不意味着多多益善，其实，膳食纤维在阻止人体对有害物质吸收的同时，也会影响人体对食物中蛋白质、无机盐和某些微量元素的吸收，所以，缓解便秘症状吃高纤维食物也要注意适量。

促进排便的食物推荐

木耳：可以依据口味喜好，将木耳做成各种菜肴，如木耳炒蛋、芹菜木耳、老醋木耳等等，多吃木耳不仅可以促便，还有很好的补血效果。

燕麦芝麻粥：既含有丰富的纤维素，又含有营养的芝麻油，有非常好的促进肠蠕动、润滑肠道的作用，还可以放少许蜂蜜，效果更好。

果蔬汁：各类蔬果是非常利于通便的食物，每天一杯果蔬汁既健康，又营养。

芋头、红薯：含丰富的淀粉和维生素，是一种碱性食物，常食用也可防治便秘。

怎样提高膳食纤维利用率

1. 用全麦制品（如全麦面包、全麦馒头、全麦面条等）代替精米精面制品（如普通面包、馒头、面条）。

2. 用糙米、小米、玉米、高粱米、燕麦等煮粥，代替白米粥。

3. 做米饭时添加一些豆类（豆饭），如绿豆、红豆、芸豆等，也可以吃豆包（注意，不要用豆沙馅，豆沙通常去除了豆皮，膳食纤维含量大打折扣，要用完整的豆子做馅）。

4. 用煮黄豆或黄豆芽代替豆浆、豆腐等，因为完整的黄豆的豆皮含有大量膳食纤维。当然，在吃豆浆或豆腐时，别把豆腐渣（豆渣）丢掉，炒食、和面等食用也可。

5. 用地瓜、土豆、芋头等薯类食物代替部分粮食。

6. 多吃蔬菜水果，尤其是芹菜、韭菜、洋葱、大白菜、莴笋、香蕉、苹果等含膳食纤维比较丰富的品种。

吃富含 α–亚麻酸的食物补充 DHA

　　DHA 对胎儿、婴儿的脑神经及视神经发育非常重要，体内 DHA 水平较高的胎儿、婴儿，视力与智力发育均较为良好，而 α–亚麻酸在人体内可转化为 DHA，它比 DHA 作用更强、更安全，准妈妈摄入足量的亚麻酸，胎儿的脑神经细胞就发育好、功能强，婴儿的脑神经胶质细胞就多、生长就好，所以，怀孕期间应适当多吃一些含 α–亚麻酸的食物。

含 α–亚麻酸丰富的食物

　　油脂类食物：紫苏籽油、葵花子油、大豆油、玉米油、芝麻油、花生油、茶油、菜籽油等含较多 α–亚麻酸。

　　坚果类食物：葵花子、核桃仁、松子仁、杏仁、桃仁等食物中亦含量较多。

与蛋白质类食物搭配更佳

　　补充 DHA 类的食物，食用后在十二指肠内要靠胆汁的帮助和水结合乳化成乳液，才能被十二指肠与空肠吸收，但胆汁不是每天 24 小时持续向十二指肠排放，而是间断排入 11 次，每次 3～5 分钟。

　　一般在吃了含蛋白质多的食物时，会刺激胃内胃黏膜上的感觉神经，通过神经反射弧的联系，引起胆囊收缩排放胆汁到十二指肠。因此，准妈妈在补充 α–亚麻酸时，应与牛奶、豆浆、鸡蛋、鱼、豆腐等富含蛋白质的食品搭配，这样可以促进营养充分吸收，比如早餐时准备一小把坚果，同时配一杯牛奶，做菜时用上述油脂来烹调鱼、豆腐等。

通过饮食调理孕期睡眠

　　怀孕以后兴奋、紧张、忧虑、不安、心理压力大等原因，都容易造成孕期失眠，尿频、身体不适等也可能会加重失眠的程度，但绝大多数孕妇失眠都不是病理性的，多注意情绪调整，并注意孕期饮食习惯，有助好眠。

远离容易导致失眠的食物

胀腹食物：薯、玉米、豌豆等胀腹食物在消化过程中会产生较多的气体，等到睡觉前，消化未尽的气体会产生腹胀感，妨碍正常睡眠。

辛辣、味咸食品：麻辣小食、香蒜面包等容易造成胃中有灼烧感和消化不良，而且在消化过程中会消耗掉体内的促睡眠介质，从而影响睡眠。

油腻食品：加重肠、胃、肝、胆和胰的工作负担，刺激神经中枢，让它一直处于工作状态，导致睡眠时间推迟，晚餐尽量以清淡口味为主。

多吃利于睡眠的食物

燕麦片：含有大量水溶性膳食纤维，可降低胆固醇，调节血压，促进睡眠。

莲子：莲子含有莲心碱、芸香甙等成分，具镇静作用，可促进胰腺分泌胰岛素，使人入眠。

葵花子：睡前嗑一些葵花子，可以促进消化液的分泌，有利于消食化滞、镇静安神、促进睡眠。

核桃：一种很好的滋补营养食物，能治疗神经衰弱、健忘、失眠、多梦。

牛奶：理想的滋补品，临睡前喝 1 杯，可催人入睡，对老年人尤为适合。

水果：水果中含有果糖、苹果酸及浓郁的芳香味，可诱发肌体产生一系列反应，生成血清素，从而有助于进入梦乡。

有利于睡眠的饮食好习惯

1. 就寝前不要吃得太饱，吃得太多会造成胃肠消化道器官在睡眠中仍需工作，大脑得不到有效休息，影响睡眠质量。

2. 晚上不要喝得太多，否则夜间容易因尿频起床上厕所，而影响到睡眠。

3. 晚餐不要吃得晚，晚上 8 点钟前吃完晚餐比较有利于睡眠。

4. 睡前不要太饿，饿了建议少量吃些东西，同时要避免睡前长达七八个小时未进食，因为饥饿感会造成半夜醒来睡不着。

远离容易导致早产的食物

为更好地预防发生早产，准妈妈应尽可能远离可能导致早产的食物：

1. 有活血化瘀功效的食物可以加快血液循环速度，不利于胎宝宝的稳定，要少吃，这类食物有大闸蟹、甲鱼等。

2. 薏苡仁、马齿苋属性质滑利食品，可以刺激子宫肌，使子宫产生明显的兴奋反应，而且薏苡仁会影响体内雌激素水平。

3. 过量吃山楂可引起明显的子宫收缩，导致早产。

4. 木瓜含有雌激素，容易扰乱体内激素水平。尤其是青木瓜，吃多了容易导致早产，尽量不吃。

5. 少吃杏、杏仁，杏味酸性大热且有滑胎作用，是准妈妈的大忌。

6. 维生素A不可过量，过量的维生素A会导致早产和胎儿发育不健全，猪肝含极丰富的维生素A，准妈妈注意不要大量进食。

工作餐怎么吃更好

还在坚持工作的准妈妈，在吃工作餐时也要讲究五谷杂粮、平衡膳食，并避免吃到那些对孕期不利的食物。

慎选外卖

外卖是工作餐最常见的选择，却不是准妈妈的好选择。大部分外卖中油脂类食物比较多，且口味偏重，而准妈妈应避免食用油炸类食物，少吃太咸的食物，以防止体内水钠潴留，引起血压上升或双足浮肿。其他辛辣、调味重的食物也应该明智地拒绝。

自带爱心便当

如果公司有微波炉，准妈妈可自己带便当，在中午的时候享受家人准备的品种多样、营养均衡的爱心便当也是一种难得的享受。

此外，准妈妈还可在抽屉中准备一些食品作为加餐，不仅可以为经常发生的饥饿做好准备，避免出现尴尬，还能适当补充工作餐中缺乏的营养。牛奶、水果、全麦面包、消化饼、核桃仁等都是不错的选择。

🍲 常吃带馅面食更营养

带馅面食是我国的传统小吃，如包子、饺子、烧麦、馄饨等，准妈妈常吃带馅面食好处多多。

带馅面食营养素齐全

带馅面食既是主食，又兼副食，既有荤菜，又有素菜，馅中通常还可以加些蘑菇、海带、黑木耳等食物，而且还能多做几种馅料，含有符合人体需要的多种多样的营养素，并能起到各种营养互补作用，符合平衡膳食的要求。

带馅面食味道鲜美，容易消化

由于用各种鲜肉、蛋、鱼、虾和时令新鲜蔬菜做馅，再放些大众喜爱的调料，带馅面食通常有独特风味，格外鲜香可口，因而很容易增加食欲，特别是在冬天，带馅面食的馅剁得很细，容易消化，对准妈妈来说，是非常理想的小吃。

常吃带馅面食可以改变偏食习惯

不爱吃荤菜的人，优良蛋白质的来源会大大受到限制；偏吃荤菜的人，又会导致热能过剩和各种维生素及无机盐的缺乏，吃带馅面食，则荤素兼备，不容易出现偏食现象。

🍲 有助于缓解疲惫感的食物

产前这段时间，胎宝宝的成长已基本完成，日益增加的腹部让准妈妈承受着沉重的身体负担，加上各种孕期不适的造访，准妈妈常常会感觉疲惫，在感觉疲惫的时候，就要让自己停下来休息一下，这是最好的办法。

当然，饮食也可以间接达到缓解疲惫感的目的，准妈妈的每顿饭都可以适当下列这类有助于缓解疲劳感的食物：

食物分类	功效	列举食物
富含维生素 B_1 的食物	维生素 B_1 缺乏或不足，常使人感到乏力，因此多吃维生素 B_1 可以消除疲劳	动物内脏、肉类、菌类、酵母、青蒜等
富含维生素 B_2 的食物	维生素 B_2 缺乏或者不足，肌肉运动无力，耐力下降，也容易产生疲劳	动物内脏、蛋类、牛奶、豆制品、豌豆、蚕豆、花生、紫菜等
富含维生素 C 的食物	在体力劳动量大时及时补充维生素 C，可以增强肌肉的耐力，加速体力的恢复	青辣椒、红辣椒、菜花、苦瓜、油菜、小白菜、酸枣、鲜枣、草莓等
富含天门冬氨酸的食物	具有明显的消除疲劳的作用	鳝鱼、花生、核桃、芝麻等
碱性食物	可中和体内的乳酸，降低血液和肌肉的酸度，增强机体的耐力，因而达到抗疲劳的目的	新鲜的水果和蔬菜

🍲 通过孕期饮食让宝宝更漂亮

从逻辑上讲，宝宝的外貌在受精卵形成的那一刻就已经决定了，宝宝的外形基因一半来自父亲，一半来自母亲。虽然遗传决定了人类的某些基本特质，然而，随着生活水平的不断提高，人类的身高、外貌、智力都在逐渐提升，因此，准妈妈仍然可以通过自己的努力，让宝宝变得更漂亮。

补钙能促进长高

身高有70%取决于遗传，后天因素的影响只占30%。父母较高，孩子高的机会更大；如果父母中一人较高，一人较低，就取决于其他因素。如果准妈妈在孕期注意补钙，并多吃些富含维生素D的食物，或注意通过合理日晒补充维生素D，促进胎儿的骨骼发育，那么父母都偏矮的情况下，宝宝也可能会比较高。

维生素C可令肤色更白

肤色总遵循"相乘后再平均"的自然法则，让人别无选择。若父母皮肤较黑，很难有白嫩肌肤的子女；若一方白一方黑，大部分会给子女一个"中性"肤色，也有更偏向一方的情况。如果准妈妈想让宝宝皮肤变得更白，可以多吃一些富含维生素C的食物。因为维生素C对皮肤黑色素的生成有干扰作用，从而可以减少黑色素的沉淀。

B族维生素可以改善发质

头发的浓稀由毛囊决定，而毛囊数量由遗传决定。也就是说如果父母头发密，孩子的头发也就密；反之则头发稀少。卷发、头发的颜色、少白头、秃顶也都遗传。如果准妈妈希望宝宝头发浓密乌黑，可多吃含有B族维生素的食物，可以使孩子发质得到改善。

控制体重可以预防宝宝肥胖

如果父母都肥胖，会使子女们有53%的机会成为大胖子；如果父母有一方肥胖，孩子肥胖的概率便下降到40%。这说明，胖与不胖，大约有一半可以由人为因素决定，因此，父母完全可以通过合理饮食、充分运动使子女体态匀称。建议准妈妈孕期注意控制自己的体重，不要变成肥妈妈。

营养师推荐的完美菜单

什锦沙拉——增强食欲

原料： 胡萝卜、黄瓜各 1 根，土豆、鸡蛋各 1 个，火腿 3 片，糖、盐各 1 小匙，胡椒粉、沙拉酱各适量。

做法： 1. 将胡萝卜洗净，投入沸水中氽烫至熟，切粒备用；黄瓜洗净切粒，用少许盐腌制 10 分钟；火腿切成细粒备用。2. 将鸡蛋煮熟，蛋白切粒，蛋黄压碎备用；将土豆去皮洗净切片，放入锅中煮 10 分钟后捞出压成泥备用。3. 将土豆泥拌入胡萝卜粒、黄瓜粒、火腿粒及蛋白粒，加入胡椒粉、糖、沙拉酱拌匀，撒上碎蛋黄即可。

健康提示： 本品色美味鲜，酸甜可口。富含多种维生素，矿物质和蛋白质，特别适合胃口不振的准妈妈食用。

甜脆银耳盅——防治便秘

原料： 银耳 20 克，罐头红樱桃 3 颗，白糖 4 小匙，香油适量。

做法： 1. 将银耳用温水泡发，去根及杂质，洗净，撕成小朵；红樱桃用清水投洗一遍，切成小片。2. 将锅置于火上，加适量清水，放入银耳、白糖，大火烧开，改小火炖至银耳软烂。3. 取几个小碗洗净，擦干水，抹上香油，放入樱桃片，倒入熬好的银耳汤，冷却后放入冰箱，食用时取出即可。

健康提示： 银耳具有补脾开胃、益气清肠、清热润燥等功效。银耳中所富含的膳食纤维，有助于防治便秘。

银耳炖红薯——光洁皮肤

原料：红薯 500 克，银耳 50 克，枸杞子 20 克，蜂蜜适量。

做法：1. 将红薯用水洗净，去皮后切成块；枸杞子用水洗净。2. 银耳用水洗净，浸泡涨发，撕成小朵。3. 把撕好的银耳放入炖盅内，加入水，放在火上，先用旺火烧开，盖好盖，改用小火炖 1 小时左右。4. 待银耳软烂时，揭去盖，加入红薯块、枸杞子，盖好盖，继续用小火炖 30 分钟左右，至红薯熟烂时，放入蜂蜜调好口味即可。

健康提示：红薯清理肠胃，银耳柔嫩肌肤，所以，银耳炖红薯是非常好的美容佳品。

香肠炒油菜——强身防病

原料：嫩油菜 200 克，香肠 50 克，葱、姜各少许，植物油适量，酱油、盐各 1 小匙，料酒半小匙，鸡精少许。

做法：1. 将香肠洗净，切成薄片备用；油菜洗净，将梗、叶分开，切成小段备用；葱、姜洗净，葱切成葱花，姜切成姜末备用。2. 锅中加植物油烧热，下入葱花、姜末煸炒出香味，先下入油菜梗炒 2 分钟左右，再下入油菜叶炒至半熟。3. 放入香肠，加入酱油、料酒，大火快炒几下，加入盐、鸡精，炒匀即可。

健康提示：本品富含蛋白质、脂肪、维生素、钙、铁等营养，准妈妈常吃可以强身防病。

青椒肚片——补充蛋白质

原料： 青椒 400 克，熟猪肚 150 克，蒜 2 瓣，高汤 50 克，植物油、料酒、水淀粉、盐、醋各适量。

做法： 1. 将猪肚洗净切片，放入加有醋的沸水锅中氽烫透捞出。青椒、蒜均洗净切片备用。2. 锅内加入植物油烧热，放入蒜片爆香，加入青椒煸炒。3. 随后放入肚片、料酒、盐、高汤炒匀至熟，用水淀粉勾芡即可。

健康提示： 猪肚含较多的蛋白质和维生素 B，而脂肪少；青椒富含维生素 C。两者搭配能补充全面营养。

豆渣炒蛋——含丰富食物纤维

原料： 新鲜豆渣 250 克，红椒 30 克（不食辣的可选红甜椒），鸡蛋 2 个，小葱、植物油、盐各适量。

做法： 1. 过滤出来的豆渣用干净纱布挤干剩余浆水。2. 鸡蛋打碎加少许盐，打散；红椒切细粒；葱切末。3. 热油锅，下蛋液，成型后用铲子划散。4. 倒入豆渣翻炒，炒至豆渣呈金黄色，加入红椒粒翻炒 1 分钟，最后撒上葱末拌匀，盐调好味即可。

健康提示： 豆渣含有蛋白质、脂肪、钙、磷、铁等多种营养物质，富含食物纤维，有降低血液中胆固醇含量及预防肥胖的功效。

萝卜排骨羹——消食顺气

原料： 猪小排 300 克，白萝卜 250 克，香菜 5 克，淀粉 30 克，白糖、蒜蓉各 10 克，清汤 300 毫升，植物油 30 毫升，精盐、味精、醋、酱油、胡椒粉各适量。

做法： 1. 将排骨洗净，斩成小块，用醋、糖、酱油、精盐、味精、淀粉腌渍。2. 把白萝卜切滚刀块，待用。3. 把锅置旺火上，加入植物油烧热，放入蒜蓉爆香，然后倒入腌好的排骨，在锅中翻炒一会儿。4. 加入清汤、白萝卜块，用旺火烧开，然后转用小火炖至排骨肉烂。5. 加入胡椒粉，并用淀粉勾芡。再煮一会儿，盛出后撒上香菜即成。

健康提示： 此羹具有补阴益髓、消食顺气的功效。

兔肉红枣山药汤——滋阴健脾

原料： 兔肉 200 克，大枣、淮山药各 30 克，黄芪 2 片，党参、枸杞子各 15 克，葱、姜各适量，植物油、盐、料酒、肉汤各适量。

做法： 1. 将兔肉清洗干净，切成条。2. 分别将淮山药、党参、黄芪洗净，切片。3. 将枸杞子、大枣洗净，去核。4. 将葱及姜切段、切片。5. 将兔肉、葱、姜放入烧热的油锅中煸炒，锅中注入肉汤适量，加入淮山药、党参、黄芪、枸杞子、大枣、料酒、盐共煮，煮至兔肉熟烂调好味即成。

健康提示： 此汤有补中益气、健脾益胃之功。

芝麻花卷——降压降脂

原料：发酵面团、面粉、芝麻粉各适量，鸡蛋1个，酵母、花生油各适量。

做法：1. 在面粉中加入鸡蛋、芝麻粉、酵母、花生油和成面团，揉匀揉透。2. 将发酵面团和芝麻面团分别擀成长方形薄面片。3. 将芝麻面片放在发酵面片上，一起从一边卷起成条状，将条切成小段成生坯。4. 将生坯饧好，移上蒸笼，用旺火蒸熟即可。

健康提示：芝麻含有大量营养素，能够有效维持血管弹性，清除血管壁上有害的胆固醇，起到降压、降脂的效果，能够抗氧化，延缓衰老的同时有效维持皮肤弹性，润泽肌肤。

豆腐丝拌芹菜丝——降血压

原料：豆腐丝、芹菜各100克，香油1大匙，盐、鸡精各1小匙。

做法：1. 将芹菜择洗净，切成丝，豆腐丝切成段，分别焯水后码盘。2. 放入调味料拌匀即可。

健康提示：芹菜除了能降血压、调节稳定情绪外，还能通便。尤其是凉拌生吃，口感爽脆，通便效果也更好。

柿子椒炒玉米——缓解便秘

原料： 嫩玉米粒 300 克，红、青柿子椒各 50 克，盐、白糖各 1 小匙，植物油适量，鸡精少许。

做法： 1. 将柿子椒去蒂、籽洗净，切成小丁。玉米粒洗净备用。2. 锅内加入植物油烧至七成热，下入玉米粒，加入盐，炒 2 ~ 3 分钟，加少量清水，再炒 2 ~ 3 分钟。3. 下入柿子椒丁翻炒片刻，加入白糖、味精，翻炒几下即可。

健康提示： 玉米中所含的粗纤维，有助于缓解便秘。

黄豆枸杞豆浆——补虚益气

原料： 黄豆 100 克，枸杞子 50 克，白糖、水各适量。

做法： 1. 黄豆加水泡至发软，捞出洗净；枸杞子择洗干净，加水泡开。2. 将黄豆、枸杞子放入豆浆机中，加水搅打成豆浆。3. 将豆浆过滤，加入适量白糖溶化调匀即成。

健康提示： 黄豆营养丰富，有益气养血、健脾宽中、健身宁心、下利大肠、润燥利水等功效。枸杞中所含枸杞多糖有助于降血糖、降血脂、延缓衰老、抗氧化、调节机体免疫功能。

冬瓜鲤鱼汤——清热利水减肥

原料： 鲤鱼 200 克，冬瓜 150 克，青菜（如小油菜、菠菜）50 克，枸杞子少许，生姜、盐各适量。

做法： 1. 鲤鱼剖洗干净，切块；冬瓜洗净，切成片状；青菜洗净切碎；生姜洗净拍松。2. 锅置火上，加入适量清水烧开，放入鲤鱼和拍松的生姜。3. 再烧开后撇去浮沫，放入冬瓜，用中火续烧 10 分钟。4. 取出生姜块，放入盐，放入青菜同煮 2 分钟，装碗时加枸杞子点缀。

健康提示： 冬瓜鲤鱼汤鲜香可口，味美宜人，是准妈妈理想的营养丰富的瘦身菜肴。

西红柿玉米猪腰汤——补肾强腰

原料： 猪腰 150 克，玉米粒 100 克，西红柿 1 个，姜 4 片，盐、酱油、淀粉、料酒各适量。

做法： 1. 将猪腰去腰臊，洗净切片，加入盐、酱油、淀粉、料酒拌匀；西红柿洗净切块。2. 把玉米粒切碎，放入锅内，加入适量清水用小火炖约 20 分钟。3. 放入西红柿块、姜片再煲 10 分钟。4. 放入猪腰，继续煲滚，至猪腰刚熟，加入盐调味即成。

健康提示： 猪腰含有蛋白质、脂肪、碳水化合物、钙、磷、铁和维生素等，有健肾补腰、和肾理气之功效。以猪腰辅以玉米、西红柿，成菜营养丰富，有良好食补作用。

牛肉烧芸豆——利尿、消肿

原料： 芸豆 300 克，牛肉 100 克，蒜瓣几个，高汤 3 大匙，料酒、葱姜汁、水淀粉各 1 大匙，植物油、盐、鸡精各适量。

做法： 1. 芸豆斜切成段；牛肉抹刀切成片，用料酒、葱姜汁各半小匙和盐少许拌匀腌渍入味，再用水淀粉半小匙拌匀上浆。2. 锅内加入植物油烧热，下牛肉片小火炒至变色，加入芸豆段、蒜瓣炒匀，烹入余下的料酒、葱姜汁，加汤烧至微熟，加盐炒至熟，加鸡精，用水淀粉勾芡即可。

健康提示： 芸豆具有利尿、消肿的功效。

樱桃沙拉——补铁

原料： 樱桃 150 克，青椒 50 克，虾仁 30 克，沙拉酱 2 大匙。

做法： 1. 将樱桃、青椒洗净后取肉，切丁装盘；虾仁去沙线，洗净，焯水，晾凉后也装盘。2. 倒入沙拉酱拌匀即可。

健康提示： 樱桃含铁量是水果中的冠军，养血补血非常好。虾仁也是高铁的食物，动植物食物搭配，补益效更好。

第9章

孕8月（29~32周），向孕晚期"挺"进

快乐迎来准妈妈身体变化和胎宝宝发育

🍜 胎位逐渐固定下来

胎儿 29 周

由于皮下脂肪已经初步形成，胎宝宝看起来已经变胖了很多，不再是以前瘦瘦小小的模样了。宝宝的体重也在飞速增长，大脑、肺和肌肉也在继续发展。身体器官的功能逐渐成熟，骨髓现在已经正式成为血红细胞的生产者了。

胎儿 30 周

胎宝宝身体比例逐渐协调。另外，胎儿的大脑和神经系统已经发达到一定的程度，尤其是视觉系统，已经发育到能辨认和跟踪光源，此时腹内的宝宝已经能大致看到子宫中的景象了。

胎儿 31 周

胎宝宝的皮肤由红色变成了粉红色，看起来更像一个新生儿了。胎宝宝还会增长一项了不起的本领——逐渐学会辨认颜色。

随着器官的发育，胎宝宝的肺和胃肠开始接近成熟，已经有了呼吸和分泌消化液的能力。

胎儿 32 周

胎儿现在的体重为 2100 克左右，长约 45 厘米。胎宝宝还在努力地完善着自己，手指甲和脚趾甲都已经长齐，骨架也已完全形成（骨头仍然柔软易折），还长出了一头胎发。

另外，这时的胎宝宝在准妈妈的肚子里会不断地变换体位，有时头朝上，有时头朝下，还没有一个固定的姿势。不过大多数胎宝宝最后都会因头部较重，而自然头朝下就位的。如果不是头朝下，而需要纠正的话，产前体检时医生会给予准妈妈适当的指导，只要按照医生的要求去做就可以。

🍚 身体笨重，行动不便

孕 29 周的准妈妈

在这一周里，准妈妈的体重将比孕前增加 8.5 ~ 11.5 千克，子宫底上移到肚脐以上 7.6 ~ 10 厘米的地方。由于内脏进一步受到挤压，准妈妈既有的便秘、腰背酸痛、水肿、心慌、气短的状况可能进一步会恶化。

孕 30 周的准妈妈

这一周准妈妈的子宫已上升到横膈膜处，这会使准妈妈呼吸困难、气喘的情况变得愈发严重。由于消化系统在激素变化的影响下运行变慢，准妈妈在吃过饭后很容易感到胃部不适。由于胎儿体重的快速增加，准妈妈腰酸背痛感觉也会更加明显，行动也将越来越吃力。

孕 31 周的准妈妈

随着胎宝宝的不断长大，准妈妈的整个子宫几乎全部被胎宝宝充满，这就使准妈妈的腹部开始产生紧绷的感觉，有时还会感觉肋下酸痛。心慌、气短、胃部不适在这一周仍在折磨着准妈妈，直到 34 周左右，胎宝宝的头部开始进入骨盆，情况才会得到好转。

孕 32 周的准妈妈

跟上周相比，准妈妈的体重又增加了 250 克左右，子宫底已经达到肚脐以上 12.5 厘米的地方，这会使准妈妈呼吸困难的情况进一步加重。随着体重的增加，准妈妈更容易感到疲惫，也会越来越不愿意走动。但是，为了分娩得更顺利，准妈妈最好还是坚持活动，每天到户外散会步。

妈妈和宝宝的营养管理

🍲 低钠高钾的饮食可防高血压

导致人体血压升高的一个重要因素就是体内钾和钠的比例不平衡。

孕晚期准妈妈容易遭遇妊娠高血压疾病，这是一种以高血压为主，往往伴有蛋白尿、水肿、头痛、头晕、视物模糊等多种症状的现象，尤其容易在寒冷的冬季发生。

为了预防高血压，孕中后期的准妈妈需要采取低钠高钾的饮食方案，已经患病的准妈妈除了及时就医，饮食上也必须低钠高钾。

低钠高钾的饮食有什么特点

体内钠过量会增加患妊娠高血压疾病的风险，要降低钠摄取量，准妈妈饮食则需要少盐、清淡，简单地说，就是不能吃得太咸。

至于钾，推荐准妈妈的每日摄入量约为 2.5 克，一般情况下不需要通过营养素制剂来补充，只要每天都吃到一些富含钾的食物即可，蔬果中钾含量较高，能摄取足量的钾，色彩鲜艳的水果，比如香蕉、橙子、橘子、柿子等均富含钾元素；深色绿色蔬菜也富含钾元素，比如西蓝花、菠菜、芹菜、苋菜等；另外，鱼类、豆制品、番茄、土豆、红薯、南瓜、牛奶、酸奶和坚果中也含钾。

降低钠摄入的窍门

1. 如果使用酱油、大酱调味，就应相应减少盐的投放量，20 克酱油或大酱的含盐量约为 3 克。

2. 改变用盐习惯，烹炒和煮熬时不加盐，出锅后将盐未直接撒在菜肴的表面和汤里。

3. 尽量少吃腌制品和熟食，像蒜香骨、盐焗鸡、腊肉、烧肉等均含有十分高的盐分。

注意控制体重增长

孕晚期，一方面胎儿生长迅速，准妈妈食量大增；另一方面由于肚子变大，行动不方便，准妈妈每天的活动量比以前会少，因此，准妈妈的体重增长也进入最快的阶段，此时一定要留心体重，控制好体重增长幅度。

整个孕期，准妈妈体重增加在 11 ~ 15 千克，到了孕晚期，每周的体重增加幅度为 500 克以内，如果前期体重增加较少，晚期可以稍微多一点，但整个孕期体重增幅应当控制在 15 千克以内。

怎样控制体重

合理的饮食结构和适当的运动是控制体重的最佳手段。为了让准妈妈和胎宝宝都保持适当的体重，首先，准妈妈及家人需改变营养观念，很多准妈妈怀孕后，家人都让准妈妈多吃"好的"，而准妈妈吃得太多、太好，运动又太少，很容易造成摄入与消耗不均衡，导致自己和胎宝宝共同超重。

如果准妈妈体重增长过快，就应注意饮食均衡，在保持营养的同时，减少高热量、高脂肪、高糖分食品的摄入，并尽可能食用天然的食品，少食高盐及刺激性食物。饮食多样化也非常重要，过胖的准妈妈可吃些骨头汤和海带、紫菜、虾皮及鱼等海产品，食欲过旺的准妈妈可适当选择黄瓜和西红柿来满足自己的食欲，既满足口腹欲，又能补充水分和维生素。

常见食物热量表

食物类别	低热量食物	中热量食物	高热量食物
五谷根茎类及其制品	白米饭、糙米饭、无糖白馒头、米粉、薏仁、燕麦片、红豆、绿豆、莲子	吐司、面条、小餐包、玉米、苏打饼干、高纤饼干、清蛋糕、芋头、番薯、马铃薯、小汤圆、山药、莲藕	各式甜面包、油条、酥饼、小西点、鲜奶油蛋糕、炸地瓜、八宝饭、八宝粥、炒饭、炒面、水饺、烧麦、锅贴
奶类	脱脂奶或低脂奶、低糖酸奶	全脂奶、调味奶、酸奶	奶昔、炼乳、养乐多、奶酪

食物类别	低热量食物	中热量食物	高热量食物
鱼类肉类蛋类	鱼肉（背部）、海蜇皮、海参、虾、乌贼、蛋白	瘦肉、去皮的家禽肉、鸡翅膀、猪肾、鱼丸、贡丸、全蛋	肥肉、三层肉、牛腩、肠子、鱼肚、肉酱罐头、油渍鱼罐头、香肠、火腿、肉松、鱼松、炸鸡、盐酥鸡、热狗
豆类	豆腐、无糖豆浆、黄豆干	甜豆花、咸豆花油	油豆腐、炸豆包、炸臭豆腐
蔬菜类	各种新鲜蔬菜及菜干	腌渍蔬菜	炸蚕豆、炸豌豆、炸蔬菜
水果类	新鲜的水果	纯果汁	果汁饮料、水果罐头、蜜饯
油脂类	低热量沙拉酱	植物油	动物油、人造奶油、沙拉酱、花生酱、咸肉、黑芝麻酱、腰果、花生、核桃、瓜子
饮料类	白开水、无糖茶类、低热量可乐、咖啡（无糖、奶精）	低糖茶类、咖啡	一般汽水、果汁、运动饮料、奶茶、含糖饮料
零食		海苔、米果	糖果、巧克力、冰淇淋、甜甜圈、酥皮点心、布丁、果酱、萨其马、方便面、牛肉干、薯片、各类油炸制品

增加钙的摄入量

孕妇对钙的需求量是随着怀孕月份的增加而增加的，在怀孕晚期大概需要比孕前增加 400 毫克 / 天，这相当于两杯牛奶的量。

饮食每天可以提供 500~1000 毫克的钙量，奶和奶制品中钙含量最为丰富且吸收率也高，虾皮、芝麻酱、海带、大豆及其制品是钙的良好来源，深绿色蔬菜如小萝卜缨、芹菜叶、雪里蕻等含钙量也较多。小鱼干及大骨汤（大骨应剁开，并加些醋，以利钙质流入汤中）也是良好的钙质来源。体育锻炼、多晒太阳也可促进钙的吸收和储备。

孕晚期每天需要摄入的钙量达到了 1200 毫克，此时，单靠饮食大多不能摄入足够的钙质，因此，准妈妈很可能需要额外服用补钙剂或者含钙的综合营养素来补充。

牙齿松动、关节骨盆疼痛、小腿抽筋等都可能是缺钙的表现，患妊娠高血压疾病的准妈妈也可能缺钙，一旦出现缺钙的症状，准妈妈一定要遵医嘱及时补钙，一般在产检时医生都会提供相应的指导，准妈妈不必过于紧张。

适量食用蜂蜜有益健康

蜂蜜营养丰富，新鲜蜂蜜中含有 70% 以上的转化糖（葡萄糖和果糖）、少量的蔗糖（5% 以下）、酶类、蛋白质、氨基酸、维生素、矿物质、抗生素类的物质，特别是大脑神经元所需要的锌、镁等多种微量元素及多种维生素，有利于胎宝宝的大脑发育。

同时，蜂蜜具有滋养胃肠、缓解便秘的功效，准妈妈在每天在上、下午的饮水中各加入数滴蜂蜜，可以有效地预防妊娠高血压；睡前饮一杯蜂蜜水，有安神补脑、养血滋阴的功效，可改善准妈妈多梦易醒、睡眠不香的症状；如果准妈妈用蜂蜜调匀适量面粉涂在面部及手背上，还有滋润皮肤、养颜美容之功效。

但是，蜂蜜一次用量千万不能多，滴上几滴即可，因为蜂蜜中含大量的葡萄糖和果糖，如果一次进食蜂蜜量大，就可使血糖快速上升，长时间过量食用蜂蜜，会对分泌腺胰岛造成压力，导致胰岛素分泌不足，易引发妊娠性糖尿病，准妈妈一定要注意适量，不要一次吃得太多。

🍴 如何饮用果蔬汁更健康

新鲜蔬菜和水果中富含准妈妈孕期所需的碳水化合物、多种维生素和微量元素，制作成果蔬汁后更容易被人体吸收，那么，怎样喝果蔬汁更健康呢？

果蔬的选择与清洗

果蔬汁的材料，以新鲜当令的最好，冷冻果蔬由于放置时间久，维生素的含量逐渐减少，对身体的益处也相对减少。

由于是生榨，果蔬都要彻底清洗干净，减少残留虫卵或者农药的影响。另外要注意外皮，尤其是水果，果蔬的外皮也含较好的营养成分，比如：苹果皮具有纤维素，有助肠蠕动，促进排便，葡萄皮则具有多酚类物质，可抗氧化，这类不影响口感的果皮不妨连同一起榨汁。

多种果蔬的搭配

准妈妈可选择尽量多的蔬果来榨汁，营养更丰富，比如在果蔬汁中加根茎类的蔬菜或加五谷粉、糙米一起打成汁，这样的果蔬汁不会那么凉，口感也很新鲜。

有些果蔬含有一种会破坏维生素 C 的酵素，如：胡萝卜、南瓜、小黄瓜、哈密瓜，如果与其他果蔬搭配，会使其他果蔬的维生素 C 受破坏。不过，由于此种酵素容易受热及酸的破坏，所以在自制新鲜果蔬汁时，可以加入像柠檬、橘子这类较酸的水果，来防止维生素 C 受破坏。

果蔬汁要现榨现喝

光线及温度会破坏鲜制的果蔬汁中的维生素，使其营养价值变低，为发挥果蔬汁的最大效用，榨好的果蔬汁建议准妈妈在 20 分钟内喝完。

果蔬汁的饮用方法及时机

喝果汁时一口一口慢慢喝最好，这样才容易完全在体内吸收，若大口痛饮，果蔬汁的糖分会很快进入血液中，使血糖迅速上升。

果蔬汁早上或吃饭 2 小时后喝最好，尤其是早上喝最为理想，不过果蔬汁中的碳水化合物并不理想，不能够单独作为早餐。

另外，避免夜间睡前喝，因夜间摄取水分会增加肾脏的负担，身体容易出现浮肿，还容易加重尿频影响睡眠。

多吃一些有助于顺产的食物

孕妈妈的分娩方式与怀孕后期饮食中的锌的含量有关，每天摄取足量的锌，自然分娩的机会就会加大。这主要是因为锌可加强子宫酶的活性，促进子宫肌收缩，进而在分娩时能把胎儿娩出子宫腔。当孕妈妈体内缺锌时，子宫肌的收缩程度就会减弱，就不能自行娩出胎儿，因而需要借助产钳、吸引等外力帮助。若孕妈妈严重缺锌，只能采用剖宫产娩出胎儿了。

可见，锌是人体内十分重要的微量元素，对人体的正常生理功能发挥着重要的作用。而对于大多数孕妈妈来说，通过食物补充锌是最有效的也是最安全的。因此，孕妈妈在日常饮食中一定要注意补充锌元素。

孕妈妈可以经常吃些动物肝脏、肉、蛋、鱼及粗粮、干豆，这些都是含锌比较丰富的食物。另外，像核桃、瓜子、花生都是含锌较多的小零食，每天最好都吃些，这样能起到较好的补锌作用。

苹果是补充锌非常好的来源，它不仅富含锌等微量元素，还富含脂质、碳水化合物、多种维生素等营养成分，尤其是细纤维含量高，有助于胎儿大脑皮质边缘部海马区的发育。同时对胎儿后天的记忆力也有所帮助。孕妈妈每天吃 1 ~ 2 个苹果就可以满足锌的需要量。

还有一点孕妈妈要注意：要尽量少吃或不吃过于精制的米、面，因为，小麦磨去了麦芽和麦麸，成为精面粉时，锌元素已大量损失，只剩下 1/5 了。

营养师推荐的完美菜单

豆腐山药猪血汤——健脾补肾

原料: 猪血、豆腐各 200 克,鲜山药 100 克,姜、葱各少许,香油少许,盐、鸡精各适量。

做法: 1. 将猪血和豆腐切块,鲜山药去皮,洗净切片备用,姜洗净切末备用,葱洗净后切成葱花备用。2. 将锅置火上加入水、鲜山药、姜末和盐,待水开后 5 分钟再加入豆腐和猪血。3.20 分钟后加入葱花、鸡精、香油,煮 3 分钟即可。

健康提示: 孕中后期的妈妈常喝此汤,既可健脾补肾,又可益气养血。

猕猴桃西米粥——预防妊娠高血压

原料: 猕猴桃 200 克,西米 100 克,白糖 100 克。

做法: 1. 将西米洗净,浸泡 30 分钟后沥干水备用。2. 将猕猴桃去皮、核,用刀切成黄豆大小的丁备用。3. 将锅置于火上,加入 3 碗清水,放入西米、猕猴桃丁和白糖,用大火烧开,再用小火稍煮即可。

健康提示: 西米和猕猴桃搭配食用,可以预防便秘和妊娠高血压。这也是一道美容养颜佳品。

栗子炖白菜——补肾健脾

原料： 生栗子 200 克，白菜 200 克，鸭汤适量，盐、味精、淀粉各少许。

做法： 1. 用刀在生栗子皮上切一个口，放到锅里煮熟捞出去皮，再切成两半；白菜洗净切条。2. 将栗子放入鸭汤中煨至熟透，加入白菜、盐、味精少许，白菜熟后勾芡即成。

健康提示： 栗子可补肾健脾，提高准妈妈的抗病能力。栗子中的不饱和脂肪酸能促进胎儿大脑和神经系统的发育。

雪菜肉丝汤面——具有滋补作用

原料： 面条 200 克，猪肉丝 100 克，雪菜 50 克，葱花、姜末各适量，鲜汤 400 克，花生油、酱油、味精、盐、料酒各适量。

做法： 1. 雪菜洗净，加清水浸泡，使之变淡，捞出挤干水分，切成碎末。肉丝放入碗内，加料酒拌匀。把大部分酱油、盐、味精分别放入两个碗内。2. 锅置火上，放花生油烧热，下葱花、姜末炝锅，放入肉丝煸炒至肉丝变色，再放入雪菜末翻炒几下，烹入料酒，加入余下的酱油、盐、味精，汁开后拌匀盛出。3. 锅置火上，放水煮面条，分别捞入两个盛调料的碗内，加入制好的鲜汤，再把炒好的雪菜肉丝均匀地撒在面条上即成。

健康提示： 补充钙质，具有滋补作用，可防治小腿抽筋。

糯米赤豆炖莲藕——利尿消肿

原料：莲藕 90 克，赤豆 40 克，莲子、圆糯米各 20 克，白糖适量。

做法：1. 将莲藕洗净，切成片备用；赤豆、莲子、圆糯米洗净，备用。**2.** 将锅置于火上，倒入 7 杯水，放入赤豆、莲子、圆糯米、藕片，先用大火煮滚后改为小火慢熬两个小时。**3.** 起锅前加入适量白糖调味即可。

健康提示：本品具有补益气血、增强免疫力、利尿消肿、预防早产、腰酸等多种功效。

蔬菜米饭饼——促进食欲

原料：米饭 100 克，虾仁 20 克，胡萝卜 20 克，洋葱 20 克，鸡蛋 1 个，青甜椒 5 克，糯米粉 1 大勺，盐 1 小匙，植物油适量。

做法：1. 虾仁、胡萝卜、洋葱、青甜椒洗净剁碎。**2.** 鸡蛋打入碗中，充分搅拌，然后把米饭、糯米粉放入碗中充分搅拌。**3.** 锅中放入植物油，用勺子将搅拌好的米饭按大小一致的量放入锅中，煎至两面焦黄即可。

健康提示：营养丰富，味道鲜美，很适合食欲不振的准妈妈食用。

香菜拌干丝——补钙

原料： 白豆腐干 100 克，香菜 20 克，辣椒油 1 大匙，盐、鸡精各 1 小匙。

做法： 1. 将白豆腐干切成细丝，香菜切成寸段，放入碗中。2. 放入所有的调味料拌匀即可食用。

健康提示： 豆腐干是豆制品的一种，含有丰富的蛋白质和钙，对于孕晚期补钙以及促进胎儿骨骼发育都有很好的作用。

香蕉牛奶饮——促进排便

原料： 香蕉 1 根，酸奶 100 克。

做法： 1. 将香蕉去皮、切成段，放入搅拌机中，倒入酸奶，搅打成糊状。2. 倒入杯中即可饮用。

健康提示： 常饮这道小甜点可以使肠道润滑，补充体内损伤的津液，调节电解质的平衡，促进胃肠蠕动，促进排便。

清蒸冬瓜熟鸡——消炎、利尿、消肿

原料： 熟白鸡肉 250 克，冬瓜 250 克，枸杞少许，鸡汤 2 碗，酱油、料酒各 1 大匙，葱 3 段，姜 1 片，盐适量。

做法： 1. 熟白鸡肉去皮切块，把鸡肉皮朝下，整齐地码入盘内。2. 加入鸡汤、酱油、盐、料酒、葱段、姜片、枸杞，上笼蒸透，取出，拣去葱、姜，把汤汁滗入碗内待用。3. 冬瓜洗净切块，放入沸水中余烫一下，捞出码入盘内的鸡块上，将盘内的冬瓜块、鸡肉块一起扣入汤盘内。4. 将锅置于火上，倒入碗内的汤汁，烧开撇去浮沫，盛入汤盆内即可。

健康提示： 营养丰富，味道鲜美，对预防和消除准妈妈的孕期水肿有效。

蛋煎馄饨——促进食欲

原料： 馄饨生坯约 10 个，鸡蛋 1 个，小香葱 1 根，盐、植物油少许。

做法： 1. 小香葱择洗干净，切碎；鸡蛋磕入碗中打散，加入切碎的香葱，调入少许盐，搅打匀。馄饨生坯放入冰箱冷冻室冷冻保存。2. 小煎锅烧热，淋少许植物油，放入馄饨生坯，中小火略煎。3. 倒入水到 1/2 馄饨的高度，马上盖上锅盖，煎煮到还剩一薄层水的时候，倒入蛋液。4. 盖上锅盖，小火将蛋烘熟，装盘。

健康提示： 成品黄白绿相间，色泽漂亮，勾人食欲。

凉拌西红柿——清热凉血

原料： 西红柿 4 个（约 500 克），鲜嫩白菜帮少许，白糖 125 克。

做法： 1. 将西红柿洗净，用开水烫一下，去皮去蒂，一切两半，再切成小月牙块，去子。将西红柿块分三层摆在盘上。2. 将嫩白菜帮切去两头，再切成 2 厘米长的细丝，摆在西红柿块中心，将白糖撒上即成。

健康提示： 清热凉血，营养丰富。

蒜茸茼蒿——消食开胃

原料： 茼蒿 500 克，蒜（白皮）4 瓣，小葱 2 根，姜 1 片，水淀粉 1 大匙，盐 1 小匙，植物油、鸡精、白砂糖、香油各少许。

做法： 1. 将茼蒿择洗干净，切成长段，投入沸水中氽烫 1 分钟左右捞出。将大蒜去蒜皮，剁成蒜茸。葱、姜切末备用。2. 锅内加入植物油烧热，放入葱花、姜末爆香，再放入茼蒿，翻炒均匀。3. 加入盐、鸡精、白糖，用水淀粉勾芡。

4. 放入蒜茸，淋入香油，翻炒均匀即可。

健康提示： 茼蒿中富含维生素、胡萝卜素、脂肪、蛋白质等营养成分。茼蒿中还含有一种有特殊香味的挥发油，有助于妈妈消食开胃，增加食欲。

蔬果浓汤——富含维生素

原料：菠菜 200 克，菜花 100 克，苹果 1 个，胡萝卜 1 根，胡椒粉、香菜各少许，牛奶、盐各适量。

做法：1. 胡萝卜去皮洗净切丁；菜花洗净切成小朵；香菜洗净切碎末。2. 菠菜洗净控水切段，苹果去皮切丁，一起放入果汁机中，加牛奶搅打成汁。3. 锅中加入打好的果蔬汁，再加入适量的清水搅匀。4. 放入菜花、胡萝卜丁、盐、胡椒粉煮至滚沸，点缀香菜即成。

健康提示：菠菜含有丰富的维生素 B_6，而维生素 B_6 对蛋白质和脂类的正常代谢具有重要作用，能预防代谢异常而产生过多头屑；菜花富含维生素 E，可以改善头发毛囊的微循环，促进头发生长。

脆皮冬瓜——利水消肿

原料：冬瓜 200 克，面粉、淀粉各 2 大匙，番茄酱 1 大匙，盐 2 小匙，白糖 1 小匙，鸡精少许。

做法：1. 将冬瓜去皮洗净切成长条。2. 将冬瓜放入沸水中汆烫至熟，捞出来控干水。将面粉、淀粉、盐、鸡精、白糖一起放到碗里，加适量水调成浆，静置 10 分钟后下入冬瓜条，为冬瓜上浆。3. 锅内加入植物油烧热，放入冬瓜，炸至金黄酥脆，装盘后淋上番茄酱即可。

健康提示：冬瓜中含有丰富的营养成分，钠盐和钾盐的含量都比较低，具有利水消肿、清热解毒的独特功效。

葱酥鲫鱼——利尿消肿

原料： 鲜活鲫鱼500克，水发香菇50克，泡辣椒1~2个，料酒50毫升，香油10毫升，盐、味精适量，熟菜籽油1500毫升（实耗50毫升），糖色、鲜汤、姜、葱各适量。

做法： 1. 将鲫鱼初加工洗净后以盐、料酒、姜、葱码味15~20分钟。2. 将香菇切成片；泡辣椒、葱切成段。3. 把炒锅置旺火上，倒熟菜籽油烧热（约180℃），将鲫鱼投入锅中炸至表面呈浅黄色、紧皮时捞出备用。4. 另用适量菜籽油烧至120℃油温时下葱段、泡辣椒段炒香，然后加入鲜汤，以盐、料酒、糖色调味定色，呈浅橙黄色后下鲫鱼，再下香菇，先以旺火烧沸撇尽浮沫，转用中火收汁，至汁将干时加味精、香油起锅。5. 待鱼凉后入味，再改刀装盘成菜。

健康提示： 鲫鱼富含蛋白质、无机盐等，特别是带骨食用，钙和磷的吸收更高，泡椒不仅营养丰富，更能刺激食欲。

猪肝拌黄瓜——能增进食欲

原料： 猪肝100克，嫩黄瓜1根，海米2大匙，香菜2根，酱油、盐各1小匙，花椒6粒，植物油、醋、鸡精各适量。

做法： 1. 将猪肝洗净后放入锅中煮熟，切成0.3厘米厚的方片备用；海米用开水泡发，清洗干净备用；黄瓜洗净后拍松，切成0.3厘米厚的片备用；香菜洗净切段备用。2. 将猪肝、黄瓜、海米放入比较大的盆中。3. 锅内加入植物油烧热，放入花椒炸出香味后倒入盆内。4. 撒上香菜，加入剩下的调料，拌均匀即可。

健康提示： 这道菜气味清香，口感清爽，能增进食欲，并且富含铁、维生素等营养物质。

第 **10** 章

孕9月（33~36周），
注意体重增长的警戒线

快乐迎来准妈妈身体变化和胎宝宝发育

🍚 胎儿逐渐入盆

胎儿 33 周

胎宝宝的呼吸系统和消化系统已经接近成熟，身体也变得圆润了许多。虽然其他部位的骨骼已经相当结实，胎宝宝的头骨却还很软，每块头骨之间还有一些空隙；这可以使宝宝的头部在分娩时具有一定的伸缩性，不至于被卡在妈妈的产道中。

胎儿 34 周

这一周，胎宝宝的头部已经下降到妈妈的骨盆中了。但此时的姿势尚未完全固定，还有可能发生变化，需要密切关注。由于大脑的飞速发育，这时的宝宝变得很喜欢睡觉，胎动也将越来越少了。宝宝的肺部已经发育得相当良好，现在出生也可以自己呼吸。

胎儿 35 周

35 周时的胎宝宝已经完成了绝大部分身体发育，听力已充分发育，肾脏在此时已经发育完全，肝脏也能够代谢一些废物了。由于已经不再在羊水里漂浮，胎宝宝的活动量明显减少了。

胎儿 36 周

此时，胎宝宝体重已经达到 2.8 千克左右，身长则为 48 厘米左右。胎儿此时已经变得很漂亮了。皮下脂肪的沉积，使得身体各部分比较丰满，面部皱纹消失，看起来全身圆滚滚的，很可爱。脸、胸、腹、手、足的胎毛逐渐消退，皮肤呈粉红色，柔软的指甲已达到手指及脚趾的顶端。

这一周胎宝宝的胎动将变得更少，但准妈妈每天仍可以感觉到 10 次以上的胎动。

🥄 感觉宫缩多起来

孕 33 周的准妈妈

体重现在大约以每周 500 克的速度增长，胎头下降压迫到膀胱，所以现在准妈妈尿意频繁。胎头下降还会令骨盆和耻骨联合处酸疼不适、腰痛加重。此时不规则的宫缩次数明显增多了，这是迫使胎宝宝胎头下降的手段。

孕 34 周的准妈妈

现在，准妈妈可能发现自己的脚、脸、手肿得更厉害了，脚踝部更是肿得厉害，特别是在温暖的季节或是在每天的傍晚，肿胀程度还会有所加重，需要注意休息，让家人帮忙按摩肿胀的腿脚也是必要的。

孕 35 周的准妈妈

怀孕 35 周时，准妈妈的子宫壁和腹壁已经变得很薄，当胎宝宝活动时，甚至可以看到胎宝宝的手、脚、肘部在腹部凸起的样子。在这一周里，准妈妈的身体继续变重，活动时一定要注意保持平衡，并要避免长期站立。

孕 36 周的准妈妈

此时，准妈妈的体重增长达到了怀孕以来的最高峰，但没有了胎宝宝的压迫，胃部、肺部压力都会有所减轻，所以胃灼热、呼吸不畅的不适感觉正在好转。许多准妈妈会感到腹部有些坠胀感，甚至感觉宝宝要生了，这多数是胎头下降的感觉。

妈妈和宝宝的营养管理

🍲 通过饮食缓解产前抑郁

怀孕期间由于激素水平的变化及各种孕期不适，准妈妈的情绪很容易出现波动，临近分娩，心理压力可能会更大，如果没能及时得到安慰和调节，就容易出现产前抑郁症。

产前抑郁的症状

· 觉得所有的事情都没有意思、没有乐趣。

· 整天感觉沮丧、伤心或"空荡荡的"，而且每天如此。

· 难以集中精力。

· 极端易怒或烦躁，或过多地哭泣。

· 睡眠困难或睡眠过多。

· 过度或从不间断的疲劳。

· 总是想要吃东西或根本不想吃东西。

· 不应该的内疚感，觉得自己没有用，没有希望。

· 对生产过程的痛楚、胎儿是否畸形、是否难产等问题感到非常焦虑。

如果准妈妈有3种或更多的症状，并持续2周以上，就应该注意到是否遭遇产前抑郁了。要特别注意的是，患有产前抑郁症的准妈妈通常会把忧虑和抑郁的情绪延续至产后，因而也较容易患上产后抑郁症，一定要及时调节，转移注意力。

产前抑郁的饮食调养

1.热量摄入要充足。足够热量物质摄入，能够使脑细胞的正常生理活动获得足够能量。

2.心情抑郁时大都有不同程度上的食欲减退，因此要在食物的色、香、味上做文章，以刺激胃口，增强食欲。

3.每天至少食用5份80克的水果和蔬菜,维生素可将葡萄糖转化为能量，镁、硒、锌都是抗抑郁必备的微量元素。

4.准妈妈应多吃蔬菜水果等碱性食物，避免消极情绪。

5. 增加蛋白质的摄入，鱼虾、瘦肉中含有优质蛋白质，可为脑活动提高足够兴奋性介质，提高脑的兴奋性，对拮抗抑郁症状是有所帮助的。

6. 从营养学的角度来说，膳食当中的维生素 B_1、维生素 B_6、烟酸、维生素 C、钾、铁和钙是对抗负面情绪的必需元素，而巧克力、奶酪、苹果、香蕉、坚果（花生、核桃、松子等）、奶品等则是保持平和心绪的食物。

7. 如果准妈妈因情绪抑郁而影响到食欲，要多从最喜爱的食物着手，为了保证必要的营养，适当选择密度高、热量高的食物，烹煮成混合型食物。

缓解产前抑郁的食物推荐

准妈妈时常吃一些"让人快乐的食物"，可以让身体产生更多的快乐激素，从而起到改善情绪、缓解抑郁的作用，常见的"快乐食物"如下：

食物	食用功效
香蕉	香蕉可向大脑提供重要的物质酪氨酸，特别是能使神经"坚强"的色氨酸，能形成一种被称为"满足激素"的血清素，使人感受到幸福、开朗
土豆	土豆是让人的情绪积极向上的食物，土豆的好处还在于能够迅速转化成能量，所以，平时多吃点土豆做的菜是快乐的秘诀
干果	能吸收大量的微量元素和矿物质，激活大脑中的快乐激素
干香菇	干香菇是最好的维生素 D 的供应者，维生素 D 是促进快乐激素形成的重要营养元素
南瓜	南瓜富含维生素 B_6 和铁，这两种营养素能帮助身体所储存的血糖转变成葡萄糖，葡萄糖正是脑部唯一的燃料，使人精神焕发
樱桃	长时间用电脑的准妈妈可吃些樱桃改善头痛、肌肉酸痛等毛病
豆类食物	大豆中富含有人脑所需的优质蛋白和8种必需氨基酸，这些物质都有助于增强脑血管的机能，提高大脑活力，让心情更舒畅
菠菜	菠菜除含有大量铁质外，更有人体所需的叶酸，叶酸具有预防抑郁症等精神类疾病的功效

🍲 关注维生素 K 的补充

维生素 K 是四种凝血蛋白（凝血酶原、转变加速因子、抗血友病因子和司徒因子）在肝内合成必不可少的物质，也是人体正常凝血过程所必需的物质。从怀孕第 9 个月起就要注意补充足量的维生素 K，这不仅是为了防止新生儿出血，也是为了避免分娩时大出血。

维生素 K 对母婴的重要作用

维生素 K 比较难以通过胎盘吸收，再加上人体自身不能制造维生素 K，只有靠食补或肠道菌群合成，所以胎儿体内一般是缺乏维生素 K 的，但孕期最后阶段如果准妈妈注意补充，新生儿就不会出现凝血机制障碍。

如果准妈妈体内缺乏维生素 K，不但会引起本身凝血障碍，容易在生产时发生大出血，还容易使胎宝宝流产率升高。

维生素 K 宜口服与食补兼备

建议准妈妈从 32 周至 36 周起，适量服用维生素 K，直至分娩，临产的准妈妈分娩前 1 小时至 4 小时肌注或静滴维生素 K，同时，新生儿也要补充维生素 K。

除了口服和肌注的方式来补充维生素 K，准妈妈还要多食维生素 K 含量丰富的食物，菠菜、菜花、白菜、菠菜、西红柿、莴苣、甘蓝、豌豆、香菜、螺旋藻、藕、奶酪、蛋黄、大豆油、菜籽油、海藻、动物肝脏等食物都含丰富的维生素 K。

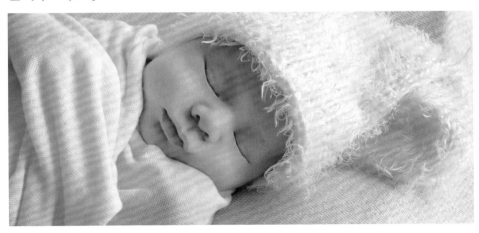

🍲 预防孕后期妊娠中毒症

有的准妈妈在孕后期出现高血压、水肿和蛋白尿等症状，称之为妊娠中毒症。妊娠中毒症不但会让准妈妈出现水肿甚至昏迷的情况，还容易导致胎儿生长迟缓、死胎、死产或新生儿能力差，死亡率高，因此对于这种疾病的预防与控制至关重要。

妊娠中毒症与饮食有着深刻的关系，调整饮食对妊娠中毒症有一定的预防和治疗作用。准妈妈首先要做到控制好体重增长，整个孕期体重增长不宜过量，体重是饮食摄入是否过量的一个指标，营养过剩是导致妊娠高血压疾病的一个重要危险因素，所以要从合理控制食物的量开始做起，此外还要注意以下几个饮食要点：

降低脂肪摄入

准妈妈要少吃动物性脂肪，而以植物油代之，每天烹饪用油大约20毫升。这样，不仅能为胎儿提供生长发育所需的必需脂肪酸，还可增加前列腺素合成，有助于消除多余脂肪。

补充蛋白质

禽类、鱼类蛋白质可调节或降低血压，大豆中的蛋白质可保护心血管。但肾功能异常的准妈妈必须控制蛋白质摄入量，避免增加肾脏负担。

补充钙质

研究表明，准妈妈增加乳制品的摄入量可减少妊娠中毒症的发生。建议多吃牛奶和奶制品、大豆及大豆制品、海产品等，这些都是富含钙的食物。

多吃新鲜果蔬

保证每天摄入蔬菜500克以上，水果200～400克，多种蔬菜和水果搭配食用。因为蔬菜和水果可以增加食物膳食纤维的摄入，对防止便秘，降低血脂有益，还可补充多种维生素和矿物质，有利于妊娠中毒症的防治。

控制好吃盐量

如果盐摄入过多，容易导致水钠潴留，会使准妈妈血压升高，所以一定要控制盐的摄入量。准妈妈也不宜吃腌制品、火腿、榨菜、酱菜等高钠食物。

🍲 准妈妈产前不宜太瘦

一般来说，准妈妈的营养水平与胎儿的营养水平成正相关，从外在看，主要体现在体重上。胎儿肥胖之前，准妈妈会先出现体重增加过快；胎儿营养不足时，也是准妈妈先出现营养不足，简单地说，胖是妈妈先胖，瘦也是妈妈先瘦。

如果是胎儿过大，孕期可以通过控制饮食来控制胎儿体重，同样的，如果胎儿发育迟缓，也可以通过增重来达到为胎儿增加营养的目的。

到了孕期最后阶段，如果准妈妈的体重增加非常缓慢，甚至有所下降，整个孕期的体重增加太少，产检时医生也判断胎宝宝过小，这时就说明准妈妈产前太瘦了，很可能宝宝出生后体重过低，会给育儿生活带来困难，同时低体重儿出生后往往发育迟缓，准妈妈也会因为营养缺乏而患病，所以一定要在产前尽力纠正体重，尽量补足营养。

产前太瘦的准妈妈怎样补充营养

产前太过瘦弱的准妈妈要增重就要从调整饮食上着手，具体来说可以参考以下一些方法：

多吃天然健康的食品

瘦弱的准妈妈由于可能营养缺乏，因此在能吃得下饭时一定要吃得更有营养，不要总吃加工类的食品，蔬菜、水果、蛋类、奶、鱼、坚果等会是更好的选择。

增加优质蛋白的比例

蛋白质是十分重要的营养素，瘦弱的准妈妈可以多增加优质蛋白质的摄入比例，优质蛋白质通常就是指的鱼肉蛋奶豆类等，这些食物营养比较全，也更容易被身体吸收。

巧妙增加油脂与热量的摄入

孕早期的时候，大多数准妈妈都可能吃不下太多肉类或者油脂，这没有关系，但是到了孕晚期就可以尽量多吃一点，适当增加肉类饮食。

因为肉类中含有脂肪比较多，如果吃不下太多，可以在日常饮食中适当增加坚果、芝麻、植物油等油脂含量较高的食物，巧妙地将它们加入准妈妈喜欢的食物中，只要注意有意识地增加热量摄入，就可以逐渐达到强壮的目的。

不要把注意力都放在蔬菜水果上

蔬菜水果要适量地吃，不要过量，不能把仅有的食欲都用在蔬菜水果上，当然，如果准妈妈胃口不好，荤菜类的大都吃不下，能吃些蔬菜水果也是可以的，可以将蔬菜尽量炒来吃而不是凉拌，吃米饭时可以拌些芝麻，喝牛奶时可以撒些麦片。

不拘泥于少食多餐

一般来说，怀孕后少食多餐会更舒服，但对于瘦弱的准妈妈来说，这反而可能受到限制。大多数太瘦的准妈妈都是食欲不高，假如餐前一两个小时吃了点东西，到了正餐往往就吃不下什么了。

最好是根据准妈妈的习惯来调整，如果习惯了一日三餐到点吃饭，那么正餐时吃得下就要多吃一点，假如正餐之外饿了，也不要作为加餐来处理，就当正餐一样吃，睡前如果情绪好，可以喝一碗粥或者吃上一两片面包，喝点牛奶等，这样有利于体重增长。

加快进餐速度

我们提倡细嚼慢咽，这对正常人或者超重的人来说非常有益，但对于需要增重的人来说就可能反而坏事了，因为吃得慢就会容易感觉到饱，这样往往在还没有吃饱前就吃不下东西了，食欲不好的准妈妈反而应该加快进餐速度，这样可以提高总的进食量。

食物烹调多一些新鲜感

瘦弱的准妈妈常常都有挑食的问题，这一时之间很难改变，家庭成员需要多迁就准妈妈，多按照准妈妈的喜好来烹调食物，时常出现准妈妈喜欢的花色和食物种类，同时不断变换花样和搭配，新鲜的视感可以刺激味蕾，增加一点食欲。

怀孕每月怎么吃

胎宝宝偏小是否需补充营养

前面说到，准妈妈产前太瘦需要尽量补充营养，准妈妈瘦弱时胎宝宝往往是偏小的，但胎宝宝发育如何受很多因素的影响，不是说偏小就要大补增加营养。

一般来说，如果胎宝宝偏小，而同时准妈妈体重正常，说明能量摄取没有问题，就不需要增加热量，而重点应该关注饮食结构，如果准妈妈膳食中已经包含了足够的蛋白质、脂肪、碳水化合物、维生素、矿物质等营养素，那么据不需要做大的调整，只要产检显示胎宝宝体重在正常范围内，小一点并没有关系。

如果准妈妈一看胎儿偏小就立即大鱼大肉进补，很容易导致营养过剩，导致胎儿过大，给即将到来的分娩带来困难，也会影响母婴健康。只有当准妈妈确实是体重长得不够，食欲也不好，才需调整。

健康提示 胎宝宝是否偏小需要由医生检测来判断，准妈妈在孕期最后的阶段一定要坚持产检，听从医生的营养建议，在体重正常的情况下，最好不要擅自大补。

妈妈胖胎宝宝小是怎么回事

现实中有很多准妈妈体重增加不少，但产检却显示胎宝宝偏轻的情况，排除一些疾病因素，这主要是准妈妈的饮食结构不均衡导致的，准妈妈摄入过多高热量的食物，就会出现只胖自己不胖胎宝宝的情形。

这种情况对准妈妈是一个警示，提示准妈妈要节制零食、甜食，多吃天然新鲜的健康食物，在选择食物时要多些理智，加餐或者零食时间尽量多选择低热量高营养的豆腐脑、坚果、牛奶、全麦面包等。

🍲 正餐之外的零食选择

在正餐之外，选对零食加餐可帮助胎宝宝成长得更健康，适合准妈妈选用的零食以新鲜健康的食物为主。

下列食物可供参考：

零食种类	所含营养及作用
核桃、腰果、花生、开心果等坚果	富含优质蛋白质和脂肪，可促进胎宝宝大脑发育
酸奶 + 麦片	含丰富的钙质、蛋白质以及纤维素
全麦面包 + 生菜 + 番茄	各种维生素和碳水化合物
梨、苹果、枇杷、樱桃、香蕉、芒果等	丰富的维生素 A
蓝莓或者蓝莓干	拥有美味维生素 C
甜瓜片搭配酸橙	丰富的维生素 A 和维生素 C，增加食欲
低脂肪南瓜	含有维生素及矿物质
烤土豆洒上纯酸奶	蛋白质和铁等多种微量元素
苹果片 + 奶酪片	富含纤维素和钙
全熟的白水煮蛋	随时可以取得的蛋白质
水煮毛豆	用比常量稍少的盐水煮毛豆，温热后吃，可补蛋白质、维生素 A、铁及钙

营养师推荐的完美菜单

木耳炒茭白——降血压

原料： 茭白 250 克，水发木耳 100 克，葱 1 根，蒜 2 瓣，姜 2 片，高汤 2 大匙，淀粉 2 小匙，盐 1 小匙，鸡精、胡椒粉各少许，植物油适量。

做法： 1. 将茭白洗净，切成 4 厘米长的细丝；木耳洗净，撕成小朵备用，葱洗净切丝备用。2. 将盐、胡椒粉、鸡精、高汤、淀粉放到一个碗里，对成芡汁备用。3. 锅内入植物油烧热，爆香姜片、蒜片，再下入茭白、木耳炒至断生，加入葱花及芡汁，待汤汁浓稠后即可。

健康提示： 茭白富含碳水化合物和蛋白质；木耳是补血、降压佳品，尤其适合血压偏高的准妈妈。

绿豆芽拌蛋皮丝——降血脂和软化血管

原料： 鸡蛋 3 个，绿豆芽 200 克，植物油、酱油适量，盐、味精、香油各少许。

做法： 1. 将绿豆芽去根洗净，在沸水中氽烫后，沥干水，放入盘中。2. 将鸡蛋磕碗内，打散，倒入热油锅中摊成蛋皮。3. 再将蛋皮晾凉，切成细丝，放入盛绿豆芽的盘中。4. 在盘中加入酱油、盐、味精、香油调味拌匀即成。

健康提示： 鸡蛋中含有丰富的卵磷脂。卵磷脂进入血液后，会使胆固醇和脂肪的颗粒变小，并使之保持悬浮状态，从而阻止胆固醇和脂肪在血管壁的沉积。中医认为，绿豆芽性凉味甘，能清暑热、利尿、消肿，还能降血脂和软化血管。

牛奶花蛤汤——含丰富蛋白质

原料： 花蛤 300 克，鲜奶 100 克，姜 2 片，鸡汤半碗，干辣椒 1 个，盐、糖各半小匙，胡椒粉少许，植物油适量。

做法： 1. 将花蛤放入淡盐水中浸泡半个小时，使其吐清污物，然后放入沸水中煮至开口，捞起后去壳。2. 红椒洗净切成细粒。3. 锅内加入植物油烧热，放入干辣椒、姜片爆香，加入鲜奶、鸡汤煮滚后，放入花蛤用大火煮 1 分钟，加入盐、糖、胡椒粉调匀即可。

健康提示： 花蛤的肉味鲜美，富含蛋白质、不饱和脂肪酸等营养物质。

蜜汁山药球——缓解尿频

原料： 山药 500 克，豆沙馅 100 克，蜜橘饼、瓜仁、黑芝麻各 15 克，面粉 50 克，淀粉 25 克，油 750克（约耗 100 克），蜂蜜 25 克，白糖 100 克，蜜桂花 5 克。

做法： 1. 将山药刮洗干净，入蒸锅蒸熟，取出去皮，压成泥，加面粉和淀粉揉匀备用；将蜜橘饼切成小粒，加豆沙馅、瓜仁和黑芝麻拌均匀，制成直径 2厘米的丸子。2. 取少许山药泥，放在手中按平，包入一粒丸子，放案板上揉成球，全做好后入烧热的油锅内炸至浅黄色，捞出沥净油。3. 炒锅置旺火上，放 150 克清水、蜂蜜和白糖烧沸，用中小火熬至蜜汁稠浓，下山药球，颠锅使山药球裹匀蜜汁，出锅盛在盘内，撒上蜜桂花，上桌即成。

健康提示： 山药自古被视为补虚佳品。《本草纲目》记载，其补虚羸，除寒热邪气，补中，益气力，长肌肉，强阴。

紫菜炒鸡蛋——清热化痰，利尿

原料：紫菜（干）40克，鸡蛋2只，植物油、盐各适量。

做法：1. 将紫菜放入水中泡透，撕开成丝，沥干水分备用。2. 将鸡蛋磕入碗中打散，与紫菜、盐，搅匀。3. 锅内加入植物油烧至六七成热，加入鸡蛋，改用小火先将一面煎黄，再煎另一面，两面熟后即可。

健康提示：紫菜营养丰富，孕晚期应尽量多食用紫菜、海带等海产品，既补充了营养，又不会增加体重。

猪肝绿豆粥——养血补血

原料：大米80克，猪肝100克，绿豆30克，盐、鸡精各1小匙。

做法：1. 将猪肝泡洗干净，切片，焯水备用；大米、绿豆分别淘洗干净。2. 锅中放入绿豆，加适量水，煮20分钟，倒入大米，再煮30分钟，放入猪肝，再开锅，加盐、鸡精搅匀即可。

健康提示：猪肝能养血补血，绿豆清热解毒，也能化解油腻，起到平衡饮食的作用。此粥富含B族维生素。

鲜虾莴笋汤——改善糖代谢

原料： 鲜虾 150 克，莴笋 250 克，葱花、姜丝、盐、鸡精、香油、植物油各适量。

做法： 1. 鲜虾取虾仁，挑出肠线，洗净备用；莴笋去皮洗净，切成菱形。2. 锅置火上，倒入适量的植物油，烧至七成热，放入葱花、姜丝炒香。3. 放入鲜虾和莴笋块翻炒均匀，再加入适量的清水，煮至虾肉和莴笋熟透，用盐和鸡精调味，淋上香油即可。

健康提示： 莴笋中碳水化合物的含量较低，而无机盐、维生素则含量较丰富，尤其是含有较多的烟酸。烟酸是胰岛素的激活剂，糖尿病人经常吃些莴笋，可改善糖的代谢功能。

家常千张——补充蛋白质

原料： 千张 250 克，肥瘦猪肉 150 克，青蒜苗 50 克，酱油 2 小匙，香油 1 小匙，鲜汤 100 毫升，植物油、精盐、郫县豆瓣、水淀粉各适量。

做法： 1. 将猪肉切成 0.3 厘米粗的丝，加水淀粉、精盐搅拌均匀勾好芡。2. 把千张切成 6 厘米长、0.5 厘米宽的韭叶片的条，放入沸水锅内煮沸后立即捞入盛有沸水的盆内浸泡 10 分钟，换一次凉水待用。3. 将青蒜苗斜切成马耳朵形；郫县豆瓣剁细。4. 锅内加植物油烧热，将郫县豆瓣炒出香味后，下猪肉丝翻炒均匀，加入鲜汤，再将千张条放入，加酱油慢烧 3 分钟。入味后淋入水淀粉勾芡。待收汁亮油时加入青蒜苗，炒转舀入盘内，淋上香油，即成。

健康提示： 豆腐丝中含有人体必需的 8 种氨基酸，而且其比例也接近人体需要，营养价值较高。

171

栗子炖羊肉——补肾健脾

原料：羊里脊 100 克，栗子（鲜）30 克，枸杞 1 大匙，姜 2 片，料酒 1 小匙，盐半小匙，鸡精少许。

做法： 1. 将羊肉洗净，切块；栗子去皮洗净。 2. 将锅置于火上，加入适量清水，放入羊肉块，用大火煮开后，改用小火煮至半熟。 3. 加入栗子、枸杞，继续用小火煮 20 分钟，加入料酒、盐、鸡精拌匀即可。

健康提示：栗子和羊肉搭配，能补肾健脾，提高抗病能力，还能缓和情绪、消除孕期水肿。

虾仁炒豆腐——预防小腿抽筋

原料：豆腐 150 克，虾仁 100 克，葱花、姜末各半小匙，酱油 2 小匙，淀粉、盐各 1 小匙，料酒半小匙，植物油适量，鸡精少许。

做法： 1. 将虾仁洗净备用；豆腐洗净，切成小方丁备用。 2. 将酱油、淀粉、盐、料酒、葱花、姜末放入碗中，对成芡汁。 3. 锅内加入植物油烧热，倒入虾仁，用大火快炒几下，再倒入豆腐，继续翻炒，倒入芡汁、鸡精炒匀即可。

健康提示：这道菜富含钙、蛋白质、维生素 B_1、维生素 B_2 等营养物质，有助于增加钙质，预防小腿抽筋。

鸭肉镶黄瓜——除水肿，消胀满

原料： 鸭肉200克，黄瓜7根，熟火腿、麦冬各30克，面包1个，面粉20克，酱油15克，精盐、味精、椒粉各1克，猪油50克。

做法： 1. 将7根嫩黄瓜切去两头，掏心，放入热水中烫3～4分钟，漂入清水内浸凉，捞出，沥干水分。2. 面包切片，放入凉开水浸软，挤去水分后弄碎，盛于碗内。3. 麦冬、鸭肉洗净剁碎，放面包碗内，加胡椒粉0.7克、盐、面粉，调匀，分成7份，填入空心黄瓜中。4. 将净锅置于旺火上，下猪油，烧至七成热时，放入黄瓜条爆炒2～3分钟，加入鲜汤，使其淹过黄瓜。5. 用小火煮至鸭肉馅熟时，捞出黄瓜条切成3节，加熟火腿末、酱油、胡椒粉、味精等调好味，摆盘淋上汁即成。

健康提示： 麦冬具有很好的养阴生津、润肺清心的作用，对于缓解孕妇伤津、口渴等具有一定的作用。鸭肉中B族维生素和维生素E含量较高，补充每天身体消耗，适合消耗量大于平常体重的孕妇。

葡萄干苹果粥——补血气、暖肾

原料： 白米1杯，苹果1个，葡萄干2大匙，蜂蜜4大匙。

做法： 1. 白米洗净沥干，苹果洗净后切片去籽。2. 锅中加水10杯煮开，放入白米和苹果，续煮至滚沸时稍微搅拌，改中小火熬煮40分钟。3. 蜂蜜、葡萄干放入碗中，倒入滚烫的粥，拌匀即可食用。

健康提示： 这款水果粥酸酸甜甜，对刺激消化也非常有帮助。

山药蛋黄粥——提高免疫力

原料： 去皮山药 30 克，熟鸡蛋黄 3 枚。

做法： 1. 将山药切块，放到搅拌机里打碎，加入适量白开水调匀；将蛋黄捣烂备用。2. 将山药浆倒到锅里用小火煮开，并不断用筷子搅拌。3. 待沸腾 2～3 滚后，加入蛋黄，煮熟即可。

健康提示： 山药中含有多种营养素，可降低血糖，防治妊娠糖尿病。山药与蛋黄煮成的粥营养丰富，还有提高准妈妈免疫力的功效。

干贝炒蛋——增强抵抗力

原料： 鸡蛋 2 个，干贝 150 克，料酒 2 小匙，盐 1 小匙，植物油适量。

做法： 1. 将鸡蛋磕入碗内，加少许盐搅匀。2. 将锅置于火上，加入干贝、料酒、水煮熟晾凉，撕成丝，同汤一起放入蛋液内搅匀。3. 锅内加入植物油烧至七成热，倒入蛋液翻炒至熟即可。

健康提示： 干贝味道鲜美，营养丰富，可以增强妈妈的抵抗力。干贝与蛋类一起烹调食用，能够更好地发挥补益作用。

排骨汤面——补钙

原料： 面条 100 克，猪排骨 200 克，葱段、姜片适量，精盐、料酒各适量，味精、白糖各少许，植物油适量。

做法：1. 将排骨洗净，剁成 5 厘米长的段。
2. 锅置火上，放植物油烧热，下葱段、姜片稍炸，倒入排骨，加料酒、精盐，煸炒至排骨变色，加适量水烧沸，转中火煨至排骨熟透，加白糖、味精调味装入盘中。
3. 锅内加清水烧沸，下面条，待水再沸时，点入凉水将面条煮熟，挑入碗中，倒入排骨及汤汁即成。

健康提示： 此面含有丰富的优质蛋白质、脂肪、碳水化合物、钙、铁、磷、锌及维生素等。

小米蒸排骨——含钙丰富

原料： 猪排骨 300 克，小米 100 克，姜 1 块，葱 1 根，干豆豉 1 大匙，料酒 2 小匙，甜面酱、盐、冰糖各 1 小匙，植物油适量。

做法：1. 小米用水浸泡 20 分钟左右。将猪排骨洗净，剁成 4 厘米长的段备用；干豆豉剁细；冰糖研碎；姜切末；葱切成葱花备用。**2.** 将猪排骨加干豆豉、甜面酱、碎冰糖、料酒、盐、姜末、少许植物油拌匀，装入蒸碗内，在上面撒上小米，上笼用大火蒸熟。取出扣入圆盘内，撒上葱花即可。

健康提示： 口味清香，营养丰富。排骨可以帮助准妈妈提供必需的优质蛋白质、脂肪，尤其是丰富的钙质。

第**11**章

孕10月（37~40周），
为迎接宝宝加加"油"

快乐迎来准妈妈身体变化和胎宝宝发育

🍲 随时可能降生

胎儿 37 周

现在胎儿正以每天 20 ~ 30 克的速度继续增长体重，体重约为 3000 克，身长逐渐接近 51 厘米。大部分的胎宝宝头部在此时已经完全入盆，但在分娩信号来临之前，宝宝还会一直待在子宫内，并且继续囤积脂肪。

胎儿 38 周

在这一周以后（胎龄满 37 周）娩出的宝宝都可以称为足月儿了。这一周的胎宝宝体重达到 3.2 千克左右，身高约为 52 厘米，已经完全可以在妈妈体外生存了。宝宝的生长速度比之前有所下降了，但他仍在囤积体脂。

现在胎宝宝已经具备了几十种原始反射，身上覆盖的绒毛和大部分胎脂将逐渐脱落，这些脱落的物质和分泌物将随羊水一起被吞入胎宝宝的肚子里，储存在宝宝的肠道中，形成胎便。

胎儿 39 周

到了这一周，胎宝宝身体的各个器官都已经发育成熟，体重为 3.3~3.4 千克（有些营养好的胎宝宝甚至达到了 4 千克），身高大约为 53 厘米，一般男孩平均比女孩略重略高。身体已经发育完全，随时准备离开妈妈的子宫，来到外面的世界。

胎儿 40 周

现在，胎儿的所有身体机能均达到了娩出的标准，是一个鲜活、柔软、惹人爱、给人无限希望的小宝贝。大部分宝宝都会在本周出生，所以准妈妈一旦出现"宫缩""见红""羊水流出"等情况时，要迅速赶往医院分娩。不过胎儿也可能推迟两周出生，这属于正常情况，因为计算预产期是存在合理误差的，不必过于着急。但如果推迟两周后还没有临产现象，特别同时伴有胎动减少时，应该尽快请医生帮忙，因为过熟儿也可能出现危险。

🥄 身体在为分娩做各种准备

孕 37 周的准妈妈

在这一周里，准妈妈的体重将比孕前增加 11.5~15 千克，行动也更加困难了。由于要为宝宝提供空间，准妈妈子宫中的羊水会逐渐减少。下腹部坠胀的感觉在这一周依然存在，宫缩也会越来越频繁地出现。过了这一周，准妈妈可能会出现"现血"现象，这其实是准妈妈的子宫颈为了分娩而扩大、变软及变薄后，黏液栓塞和血液混合流出阴道造成的，是一种正常现象，不必过分担心。

孕 38 周的准妈妈

在这一周里，准妈妈的体重可能停止增加，甚至还会减轻一些。准妈妈现在更明显地感到小腹坠胀，有的准妈妈出现没有规律的阵痛，只要稍加运动，阵痛就会消失，如果是临产阵痛，会渐渐出现规律性，其规律性可能由 20 分钟痛一次，渐渐变为 15 分钟，甚至到 8 分钟或 6 分钟痛一次，而疼痛的时间会越来越长，且不论用任何方式都无法缓解，一旦发现阵痛为 6 分钟或 8 分钟痛一次时，就应准备前往医院待产。

孕 39 周的准妈妈

现在，准妈妈的体重、宫高已经基本稳定，但尿频、便频的症状则可能加剧。随着预产期的临近，准妈妈的宫缩会变得更加明显。由于子宫和阴道变得更加柔软，阴道分泌物也会增多。一般情况下，准妈妈的阴道分泌物是白色的；如果出现茶色或红色分泌物，就意味着准妈妈要分娩了。

孕 40 周的准妈妈

这个时候，准妈妈通常可以感觉到胎宝宝做好了一切出生的准备，腹部的皮肤处于紧绷的状态，并有可能产生瘙痒的感觉，整个身体都充盈着一种饱满的感觉，一旦出现"宫缩""见红""破水"等情况，要迅速赶往医院分娩。

妈妈和宝宝的营养管理

🍲 分娩需要储备能量

一般来说，初产妇自然分娩的全过程大约需要 12 个小时，大部分时间是在宫缩，包括进产房之间的几个小时，在此期间不太吃得下东西，而消耗量却十分巨大，此时的能量来源大多数依靠最近几天的储备，所以，到了随时面临分娩的孕 10 月，尤其是接近预产期时，要注意储备一些供分娩用的能量。

临产适当吃一些营养价值高热量高的食物

临产前，准妈妈的心情一般比较紧张，不想吃东西，或吃得不多，所以应尽量选择体积小、营养价值高的食物，比如鸡蛋、牛奶、瘦肉、鱼虾和大豆制品等都是不错的选择。同时应该限制脂肪的过多摄入，以免胎宝宝过大，影响顺利分娩。

到了宫缩间隙，可以准备一些含糖量高的食物给准妈妈补充体能，比如蛋糕、巧克力等，它们能迅速产热，提供分娩所需要的能量，尤其是对那些产前几乎吃不下东西的准妈妈来说，特别必要。

少食多餐、易于消化

此时进餐的次数每日可增至 5 餐以上，以少食多餐为原则，同时，为防止胃肠道充盈过度或胀气，确保顺利分娩，每顿食物应少而精，以半流质、新鲜而且味美的食品为主，如排骨汤面、瘦肉粥等，尽量符合准妈妈的口味。

健康提示 假如准妈妈实在吃不下东西，吃了就反胃呕吐，也不要太勉强，分娩时医生会考虑通过输入葡萄糖、维生素来补充能量。

🍲 通过饮食缓解尿频

进入到孕后期，由于胎头下降进入骨盆腔，使得子宫重心再次重回骨盆腔内，膀胱受压症状再次加重，尿频的症状会再次变得明显，1～2小时就会排尿一次，甚至更短，有的时候准妈妈一用力就容易有尿液从尿道渗出，这是正常的生理现象，准妈妈不必担心。

外出前少吃利尿食物

孕期尿频是正常的生理现象，在家或者在办公室时多上几趟厕所就可以解决，但如果需要外出，尿频就可能带来尴尬，所以出门前尽量不要吃利尿食物，比如西瓜、葡萄、荔枝等水果，茯苓、冬瓜、海带、玉米须等蔬菜，这类利尿食物吃了会让人想上厕所，对于本来就尿频的准妈妈来说，外出不宜多吃。

当然，如果准妈妈平时蔬菜水果类摄入比较充足，那么可以在尿频期间都少吃一点这类利尿的食物，并不会有问题的，要特别注意晚上不要吃利尿食物，以免起夜频繁。

吃山药有助于缓解尿频

山药具有补脾养胃、补肺益肾的功效，可用于治疗脾虚久泻、慢性肠炎、肺虚咳喘、慢性胃炎、糖尿病、遗精、遗尿、尿频等症，尤其是冬季，有非常好的缓解尿频功效，还能增强免疫功能，对细胞免疫和体液免疫都有促进作用。

准妈妈还可以在医生的指导下适当服用补肾的中药如何首乌、枸杞等，以保持内分泌功能正常。

正确对待喝水

有的准妈妈尽量不喝水，以减少去洗手间的次数，这并不合适。

正确的做法是合理调整喝水的时间，在白天多喝水，控制盐分，为避免在夜间频繁起床上厕所，可以从傍晚时就减少喝水。

🍲 储存蛋白质令产后奶水充足

怀孕晚期储备一定量的蛋白质，蛋白质对乳汁的分泌有很大的助益，可令产后的乳汁分泌顺畅。如果蛋白质储备不足，会导致准妈妈体力下降，进而产后出现恢复不良，乳汁也就会稀少了。

准备母乳喂养的准妈妈在孕9~10月必须增加优质蛋白质的摄入量，多食鱼、蛋、奶及豆类制品。相比较而言，动物性蛋白质在人体内吸收利用率较高，而豆和豆制品等植物性蛋白质吸引收用率较差，动物性食物和植物性食物搭配食用，蛋白质利用率会提高。

🍲 每天吃适量的蛋类

蛋类是最方便食用的蛋白质食物，准妈妈可有计划地每天吃适量的蛋类，保证蛋白质的摄入，蛋类中常吃的有鸡蛋和鹌鹑蛋。

鸡蛋所含的营养成分全面而均衡，含有蛋白质、脂肪、卵黄素、卵磷脂、维生素和铁、钙、钾等人体所需要的矿物质，它的营养几乎完全可以被身体利用，被人们称作"理想的营养库"。

鹌鹑蛋中氨基酸种类齐全，含量丰富，还有高质量的多种磷脂，铁、核黄素、维生素A的含量均比同量鸡蛋高出两倍左右，而胆固醇则较鸡蛋低约三分之一，准妈妈可适量食用。

健康提示　有机鸡蛋、柴鸡蛋（土鸡蛋）和普通鸡蛋，营养成分相差无几，主要的区别是鸡蛋的食用安全。有机鸡蛋最卫生，吃天然食物的柴鸡蛋次之，普通鸡蛋相对差一些。准妈妈只要将鸡蛋彻底煮熟，就能保证食用安全。

🍲 吃鸡蛋也有学问

鸡蛋营养丰富，尤其是蛋白质和钙、铁、磷、钾、钠等矿物质的含量较高，是准妈妈和胎宝宝的良好营养源之一，人们也习惯了将鸡蛋作为孕期营养品，但吃鸡蛋也有许多地方需要引起注意。

鸡蛋不是吃得多就好

鸡蛋中蛋白质丰富，但蛋白质不容易消化，如果过多食用鸡蛋，会加重胃肠负担。

蛋白质分解代谢产物会增加肝脏的负担，在体内代谢后所产生的大量含氮废物，还都要通过肾脏排出体外，又会直接加重肾脏的负担，所以过多吃鸡蛋对肝脏和肾脏也都不利。

人体每天需要的热量是有限度的，鸡蛋热量不低，多吃的鸡蛋所产生的热量人体无法消耗，就会转化为脂肪堆积在体内。而且，鸡蛋吃多了必然会相应减少其他食物的摄入量，打乱准妈妈的饮食结构，影响营养均衡。

所以，从均衡营养的角度来看，每天吃 2 ~ 4 个鸡蛋就能满足准妈妈的每日所需（普通成年人每天可吃 2 ~ 3 个鸡蛋），过多无益。

鸡蛋吃新鲜的最佳

选购鸡蛋最重要的是新鲜：先看外壳，鲜蛋的蛋壳表面上附着一层白霜，蛋壳的颜色也比较鲜明，气孔明显。还可以用手轻轻摇动一下鸡蛋，没有声音的是鲜蛋，而有水声的就是陈蛋。不要购买已经破裂的鸡蛋，这些鸡蛋已经被空气中的细菌污染了。

鸡蛋烹调方式的选择

准妈妈吃鸡蛋首选是白水煮鸡蛋，白水煮蛋能最好地保存蛋中的营养，炒鸡蛋次之。消化能力差的准妈妈可以吃蛋花汤或者蒸蛋羹。

生吃鸡蛋是不提倡的，因为生鸡蛋很可能存在细菌感染，很容易引起寄生虫病、肠道病或食物中毒。

煮鸡蛋的小窍门：鸡蛋在煮之前应清洗干净，以免煮鸡蛋的过程中蛋壳破裂，脏污、细菌进入鸡蛋内部。煮鸡蛋的时间不宜过长，一般水开后煮 8 分钟左右鸡蛋就熟透了，可以食用，继续煮反而会造成营养流失，并且在蛋黄外形成一层硫酸亚铁（蛋黄外壳呈青黑色），这是蛋黄中的亚铁离子与蛋白中的硫离子发生化学反应后生成的，很难被人体吸收，需引起注意。

蒸鸡蛋羹的小窍门

1. 搅打蛋液时间不宜长，用力不宜猛，最好是加入温开水后再轻微打散搅匀。

2. 鸡蛋中加温开水，蒸蛋羹会软滑嫩口。一个鸡蛋可加入与该鸡蛋重量相同的 1 ～ 3 份水。如果加生水，生水中有空气，烧沸后空气排出，蛋羹会出现小蜂窝，口感粗糙。如果加开水，会将蛋液烫热，造成营养受损，甚至蒸不出蛋羹。

3. 蒸前不要加调味品，否则会使蛋白质变性，并影响蛋羹的鲜嫩口感。可以在蒸熟之后加少许熟酱油、盐、葱花、香油等调味。

4. 蒸的时间不宜过长，一般蛋液放入蒸锅后，蒸锅水开后再蒸 10 分钟即可。蒸蛋羹时锅盖不要盖严，方便锅内的蒸汽出来，以免蒸汽太大，导致蒸蛋羹出现蜂窝，口感变粗。

鸡蛋的搭配宜忌

宜	鸡蛋 + 韭菜：二者搭配可起到补肾作用，还可润肠通便，尿频、便秘的准妈妈可常吃
	鸡蛋 + 苦瓜：二者搭配可促进铁的吸收，预防孕期贫血。易上火的准妈妈常吃可去火
忌	鸡蛋 + 味精：鸡蛋含有与味精相同的成分，不用再加味精，否则会破坏本身的鲜味
	鸡蛋 + 柑橘：柑橘中的过酸会与鸡蛋中的蛋白质凝结成块，引起腹泻、腹痛
	鸡蛋 + 豆浆：蛋清中的卵清蛋白会与豆浆中的胰蛋白酶结合，降低二者的营养价值

🍲 新鲜蔬果可降低分娩危险

在怀孕期间，尤其是怀孕后期，如果准妈妈体内维生素 C 充足，可以降低在分娩时遇到危险的概率。

在分娩时，增量服用维生素 C 的准妈妈，羊膜早破率比未服用维生素 C 的孕妇要低 5%。因此，科学家们认为，增量服用维生素 C 有利于保持白细胞中储存的营养，从而有利于防止羊膜早破。

而在怀孕期间，由于胎宝宝发育占用了不少营养，所以准妈妈体内的维生素 C 及血浆中的很多营养物质都会下降。实验证明，准妈妈的饮食中加强维生素 C 的补给能够防止白细胞中维生素 C 含量下降，从而防止羊膜早破。

多吃新鲜蔬果

由于维生素 C 是水溶性的，在人体内存留的时间不长，未被吸收的维生素 C 会很快被排出体外，因此准妈妈每天都需要补充，应当多吃一些含丰富维生素 C 的新鲜果蔬，比如橙子、西蓝花等，橙子里的维生素 C 含量非常丰富，半斤橙汁通常含量能达到 100 毫克。

新鲜的蔬果汁也是准妈妈产前的理想选择，饮用方便，口感很好，也能迅速补充所需的营养素，还能解除体内堆积的毒素和废物，使血液呈感性，把积累在细胞中的毒素溶解并由排泄系统排出体外。

🍲 增进产前食欲

越是接近预产期，准妈妈越是容易紧张，此时有的准妈妈胃口特别不好，吃饭很少，这一方面需要准妈妈自己调整情绪，一方面也需要家人在饮食上多花点心思，帮忙增进食欲，能吃一点是一点，会对分娩有好处的。

首先是食物一定要多用新鲜的，不要总是剩菜剩饭，也不要每天菜式都一样，今天吃鲫鱼，明天可以换一个豆腐，菜做得好看一些，多一些色彩搭配，勾起准妈妈的新鲜感和食欲。

再就是不要强制准妈妈进餐，能吃就吃，想吃就做，三餐之外备一些高营养的点心，比如牛奶、面包、水果、酸奶等，随时可以吃一点。

🍚 有助于分娩的食物

一些食物可帮助准妈妈顺利分娩，选择自然分娩的准妈妈可在产前有意识地经常吃这类助产食品。

畜禽血

猪、鸭、鸡、鹅等动物血液中的蛋白质被胃液和消化酶分解后，会产生一种具有解毒和滑肠作用的物质，可与侵入人体的粉尘、有害金属元素发生化学反应，变为不易被人体吸收的废物而排出体外。

海带

海带对放射性物质有特别的亲和力，其胶质能促使体内的放射性物质随大便排出，从而减少积累和减少诱发人体机能异常的物质。

海鱼

含多种不饱和酸，能阻断人体对香烟的反应，并能增强身体的免疫力。海鱼更是补脑佳品。

豆芽

无论黄豆、绿豆，豆芽中所含多种维生素能够消除身体内的致畸物质，并且能促进性激素的生成，帮助准妈妈顺利分娩。

富锌食物

分娩方式与妊娠后期饮食中锌的含量有关，每天摄锌越多，自然分娩的机会越大，当缺锌时，子宫肌收缩力弱，无法自行娩出胎儿，还可能导致产后出血过多及并发其他妇科疾病。

肉类中的猪肝、猪肾、瘦肉等，海产品中的鱼、紫菜、牡蛎、蛤蜊等，豆类食品中的黄豆、绿豆、蚕豆等，硬壳果类的花生、核桃、栗子等，均含锌丰富，可以适当选择。

临产前怎样吃

临产前，妈妈一般心情比较紧张，不想吃东西，或吃得不多，所以临产前应该吃高蛋白、半流质、新鲜而且味美的食品，如鸡蛋、牛奶、瘦肉、鱼虾和大豆制品等。同时，要求食物应少而精，防止胃肠道充盈过度或胀气，以便顺利分娩。另外，分娩过程中消耗水分较多，因此，临产前应吃含水分较多的半流质软食，如面条、大米粥等。

为满足妈妈对热量的需要，临产前如能吃一些巧克力、蛋糕等很有裨益，尤其对于那些吃不下食物的临产妈妈更为适宜，但需注意一次不宜过多。

分娩过程中怎样吃

在第一产程和第二产程期间，准妈妈宫缩间隙应适当进食，以保持体力。

第一产程

如果准妈妈是第一次生孩子，第一产程约需要 12 小时；如果准妈妈曾经有过分娩的经历，也大概需 6 小时左右。

由于这段时间比较长，准妈妈的睡眠、休息、饮食等又会受到接踵而至的阵痛的影响，所以为了保证有足够的精力来完成接下来的分娩过程，准妈妈需要尽量进食。

此时准妈妈消化能力较弱，易积食，所以最好不要吃不易消化的油炸等油腻性食物或含蛋白质较多的食物，应以半流质或软烂的食物为主，如挂面、粥、面包、蛋糕等。

第二产程

第二产程大部分初产准妈妈约需 2 小时，经产准妈妈约需 1 小时。

此期子宫收缩频繁，疼痛加剧，消耗的能量增加。准妈妈应尽量在宫缩间歇补充一些能够快速消化、吸收的高糖食物，如喝一些果汁，吃点藕粉等流质食物，以快速补充体力。

一旦进入正式分娩，准妈妈就不能再进食或饮水了。

营养师推荐的完美菜单

鳗鱼饭——利于胎儿大脑发育

原料： 鳗鱼150克，笋片50克，青菜100克，米饭100克，植物油、精盐、料酒、酱油、糖、高汤各适量。

做法： 1. 将鳗鱼中放入精盐、料酒、酱油等调味品，腌制片刻。2. 打开烤炉，温度调至180℃。将腌制好的鳗鱼放入烤盘，烤熟。3. 笋片、青菜放入油锅中稍翻炒，加入鳗鱼，放入高汤、酱油、糖调味，至水收干后出锅，将做好的鳗鱼浇在饭上即可。

健康提示： 鳗鱼含有对胎儿大脑发育极为有利的DHA，适合怀孕后期的准妈妈食用。

白灼生菜——镇痛催眠

原料： 生菜150克，红椒丝少许，生抽1大匙，白糖、盐、香油各1小匙，水淀粉2小匙。

做法： 1. 将生菜掰成大叶，洗净，焯水后码放在盘中，放上红椒丝。2. 锅中放适量水烧开，放生抽、白糖、盐，勾浓芡汁，浇在生菜上，淋香油即可。

健康提示： 生菜具有镇痛催眠、降低胆固醇、利尿消脂的功效，产前食用，可以改善精神状态，清热爽神。

芹菜炒鱿鱼——促进消化

原料： 鱿鱼 1 条、芹菜 200 克，酱油、盐各 1 小匙，植物油适量，香油少许。

做法： 1. 将鱿鱼剖开，切成粗条，投入沸水中汆烫一下捞出，沥干水备用。芹菜洗净切成 3 厘米左右的段。2. 锅内加入植物油烧热，倒入芹菜段，加入盐，快速翻炒至芹菜香味散出。3. 倒入鱿鱼，烹入酱油，翻炒均匀，淋入香油即可。

健康提示： 芹菜可增进食欲，促进消化，预防便秘；鱿鱼中富含钙、磷、铁等元素，有利于骨骼发育和造血，预防贫血。

糖醋银鱼豆芽——刺激食欲

原料： 黄豆芽 300 克，鲜豌豆、胡萝卜各 50 克，银鱼 20 克，醋 1 大匙，葱花 2 小匙，白糖、盐各 1 小匙，植物油适量。

做法： 1. 将银鱼洗净，投入沸水中汆一下，捞出来沥干水。2. 将鲜豌豆煮熟，过一遍凉水，沥干水；黄豆芽洗净，胡萝卜洗净切丝；白糖、醋、盐放入碗里，兑成调味汁。3. 锅内加入植物油烧热，放入葱花爆香，倒入黄豆芽、银鱼及胡萝卜丝略炒。4. 加入煮熟的豌豆，翻炒几下，倒入调味汁略炒即可。

健康提示： 酸甜可口，可刺激食欲，还可以帮助准妈妈补充丰富的钙和维生素 A，对于预防妊娠高血压综合征有很好的效果。

牛肉面——能快速补充体力

原料：挂面 100 克，牛肉 50 克，胡萝卜、红椒、冬笋各 30 克，酱油、水淀粉各 1 大匙，盐、鸡精、香油各 1 小匙，植物油适量。

做法：1. 将牛肉、胡萝卜、红椒、冬笋均洗净，切小丁；挂面煮熟，过水后盛入汤碗。2. 锅中倒植物油烧热，放牛肉丁煸香，放胡萝卜、红椒、冬笋和调料翻炒，勾浓芡后浇在面上。

健康提示：此面营养丰富，口味清香，易于消化吸收，能快速补充体力，适合准妈妈分娩前食用。

水晶猕猴桃冻——镇静安定

原料：猕猴桃 400 克，琼脂 30 克，白砂糖 50 克。

做法：1. 取 300 克猕猴桃，去皮切块，放入榨汁机中榨汁。将剩余的猕猴桃去皮，切成小块。2. 将锅置于火上，加入猕猴桃汁、琼脂、白糖，烧至琼脂溶化，撇去浮沫。3. 取 20 只模具，在每个模具中放几块切好的猕猴桃块。4. 将熬好的猕猴桃汁分别倒入模具，冷却后，倒入盘内即可。

健康提示：此品可提供丰富的维生素C。此外，猕猴桃中的血清促进素具有稳定情绪、镇静安定的作用，有助于预防产前抑郁症。

菠菜炒猪肝——补充维生素 K

原料： 菠菜 200 克，猪肝 200 克，葱 2 根，姜 1 片，酱油 2 大匙，醪糟、淀粉各 1 大匙，盐、糖各 1 小匙，植物油适量。

做法： 1. 姜去皮，葱洗净，均切末；猪肝泡水 30 分钟后捞出切片，再加酱油、醪糟、淀粉腌 5 分钟；菠菜洗净切段。 2. 锅内加入植物油烧热，放入猪肝以大火炒至变色，盛起备用。 3. 另起锅加入植物油烧热，爆香葱姜末，放入菠菜略炒一下，然后加入猪肝同炒，放入盐、糖炒匀即可。

健康提示： 这道菜中含有丰富的维生素 K，如果缺乏维生素 K，会造成胎宝宝在出生时或满月前后出现颅内出血。

大枣黑豆炖鲤鱼——消水肿

材料： 鲤鱼 1 条，黑豆 30 克，大枣 8 颗，葱半根，姜 2 片，盐、料酒各 2 小匙。

做法： 1. 将鲤鱼洗净切段；大枣洗净去核；黑豆淘洗干净，用清水浸泡 1 个小时。 2. 锅中放入适量清水和鲤鱼段，用大火煮沸。 3. 加入黑豆、大枣、葱段、姜片、盐和料酒，用小火煮至豆熟即可。

健康提示： 此菜以鲤鱼为主，配以大枣和黑豆，可利水消肿、补虚养血。在孕晚期，对于体虚、四肢浮肿的准妈妈来说，是一道应对孕期水肿的食疗佳品。

鳝鱼丝面——补血、补充体力

原料： 鳝鱼肉 50 克，龙须面 100 克，绿豆芽 50 克，葱花少许，料酒、盐、酱油、香油、植物油各适量。

做法： 1. 将鳝鱼肉洗净，切段；绿豆芽洗净，焯水备用；龙须面煮熟，过水后盛入汤碗。
2. 锅中倒植物油烧热，煸香葱花，放鳝鱼段和适量水烧开，放绿豆芽和料酒、盐、酱油、香油后浇在面上即可。

健康提示： 鳝鱼是优质蛋白质食品，对于调节血糖很有帮助。这道面食适合在产前补充体力，兼有补血的效果。

迷你虾仁饺——快速补充体力

原料： 虾仁、五花肉各 100 克，胡萝卜半根，鸡蛋 1 个，盐、料酒适量，葱花少许，面粉皮适量。

做法： 1. 将五花肉切末，将虾去头，去壳，去泥汤，洗干净，剁成虾泥，将胡萝卜、葱花切末。2. 将所有材料一起放入大碗中，磕入鸡蛋，加入盐和料酒，用筷子朝一个方向搅拌 2 分钟即可。3. 取一张饺子皮，放上适量馅，对折后将两边捏紧，依次将所有的饺子做好，码在撒了面粉的平盘上，互不粘连，多余的饺子可放入冰箱冷冻保存。4. 烧开一锅水，下入新鲜包好的饺子，用铲子背适当地推动饺子，防止粘锅底，再次滚开后冲入一碗冷水，反复 2 次，饺子浮上水面，即可捞出饺子。

健康提示： 虾仁中含有优质的蛋白质和丰富的钙，对于准妈妈来说是非常好的食物。

鱼肉蛋花粥——补充体力

原料： 鱼肉50克，鸡蛋1个，粳米100克，淀粉、盐、鸡精各适量。

做法： 1.将鸡蛋打入碗中，搅匀；鱼肉洗净，切片后用淀粉抓匀。2.粳米淘净下入锅中，放适量水煮30分钟，放鱼片滑散，淋入蛋液成蛋花，放盐、鸡精搅匀即可。

健康提示： 鱼肉非常容易消化，此粥口感软烂，清淡不油腻，适合孕晚期胃口不佳或腹胀、腹痛时随时补充体力。

草莓银耳粥——适合产前补养

原料： 小米150克，草莓100克，水发银耳50克，冰糖1大匙。

做法： 1.将洗净的小米、银耳和冰糖放入锅中，加适量的水，煮20分钟。2.草莓洗净，切块，放入锅中，再开锅即可。

健康提示： 银耳是一味滋补的良药，与富含维生素的草莓一起熬粥，特别适合产前补养。

小米面茶——助顺产

原料： 小米面 500 克，麻酱 100 克，芝麻 10 克，香油、盐、碱面、姜粉各适量。

做法： 1. 将芝麻去杂，用水冲洗净，沥干水分备用。2. 将锅置于火上，烧热，放入芝麻炒至焦黄色，盛出擀碎，加入盐拌和成芝麻盐。3. 锅内加入适量清水，放入姜粉，烧开后将小米面和成稀糊倒入锅内，放入一点碱面，略加搅拌，开锅后盛入碗内。4. 将麻酱和香油调匀，用小勺淋入碗内，再撒入芝麻盐即可。

健康提示： 临产时的准妈妈需补充营养丰富、易消化的食物，此面茶能够补中益气、增加营养、助顺产。

莲藕干贝排骨汤——增进产力

原料： 莲藕 500 克，排骨 500 克，干贝 50 克，盐、水各适量。

做法： 1. 干贝冷水浸泡一夜，浸泡的水留着备用。2. 莲藕不削皮也不切片，留下两头的节，以整节整节的方式下锅。3. 排骨汆烫过后，将所有食材放进锅里，加进 6 倍的水（含浸泡干贝的水）及少许盐，开大火煮滚后，改用小火炖两个小时即可食用。

健康提示： 莲藕干贝排骨汤是分娩前上佳的饮食，此汤可以帮助改善体质，增进产力。

虾仁花蛤蒸蛋羹——含高蛋白

原料：虾仁 5 个，花蛤 10 个，鸡蛋 2 个，香油适量、盐适量。

做法：1. 将虾仁洗净后，切丁。2. 花蛤洗净，在盐水中浸泡，待其吐沙后，用开水烫，使壳打开，取肉切成丁。3. 将鸡蛋打散成蛋液，加入少许盐、虾仁丁和花蛤丁，加温水，隔水蒸至结膏后即可，食用时淋上香油。

健康提示：半流质食物，适宜准妈妈快速补充体力。蛋白质丰富，能使产后泌乳量旺盛，乳质良好。

图书在版编目（ＣＩＰ）数据

怀孕每月怎么吃 / 艾贝母婴研究中心编著. -- 成都：
四川科学技术出版社，2019.3
　　ISBN 978-7-5364-9403-9

　　Ⅰ．①怀… Ⅱ．①艾… Ⅲ．①孕妇－妇幼保健－食谱
Ⅳ．①TS972.164

中国版本图书馆CIP数据核字(2019)第041212号

怀孕每月怎么吃
HUAIYUN MEI YUE ZENME CHI

出 品 人：钱丹凝
编 著 者：艾贝母婴研究中心
责 任 编 辑：梅　红
封 面 设 计：仙　境
责 任 出 版：欧晓春
出 版 发 行：四川科学技术出版社
　　　　　　地址：成都市槐树街2号　邮政编码 610031
　　　　　　官方微博：http://e.weibo.com/sckjcbs
　　　　　　官方微信公众号：sckjcbs
　　　　　　传真：028-87734035
成 品 尺 寸：170mm×230mm
印 　 张：13
字 　 数：200千
印 　 刷：北京尚唐印刷包装有限公司
版次/印次：2019年3月第1版　2019年3月第1次印刷
定 　 价：39.80元

ISBN 978-7-5364-9403-9
版权所有　翻印必究
本社发行部邮购组地址：四川省成都市槐树街2号
电话：028-87734035　邮政编码：610031